为什么你一直在害怕

贾宁 著

中国友谊出版公司

图书在版编目（CIP）数据

为什么你一直在害怕 / 贾宁著 . -- 北京 : 中国友
谊出版公司 , 2024.11. -- ISBN 978-7-5057-5950-3

Ⅰ . B842.6-49

中国国家版本馆 CIP 数据核字第 2024AS4897 号

书名	为什么你一直在害怕
作者	贾宁
出版	中国友谊出版公司
发行	中国友谊出版公司
经销	北京时代华语国际传媒股份有限公司 （010）83670231
印刷	三河市宏图印务有限公司
规格	880 毫米 ×1230 毫米　32 开
	6.25 印张　85 千字
版次	2024 年 12 月第 1 版
印次	2024 年 12 月第 1 次印刷
书号	ISBN 978-7-5057-5950-3
定价	56.00 元
地址	北京市朝阳区西坝河南里 17 号楼
邮编	100028
电话	（010）64678009

前言

恐惧是根深蒂固的，所有人都无法摆脱。一个人会在他一生中的不同阶段，遇到不同类型的恐惧，恐惧的表现形式也会多种多样。

恐惧未必是坏的。哲学家伊拉斯谟曾说："我只能把毫不畏惧当作蠢笨的标志来看待，那绝不是勇敢。"恐惧的积极意义，是提醒人们要更加谨慎和警惕，从而发现危险，避开危险。

恐惧是一种自我保护机制，以便人们恰当地应对危险。当这个自我保护机制失常的时候，人们就可能放大危险或者凭空想象出一些危险，在这种情况下，恐惧感就会侵袭我们的正常生活。扰乱生活的恐惧，是不良的、过度的、不切实际的恐惧。

当恐惧感影响了生活质量时，我们必须做出反应，以免它奴役我们的精神，肆意妄为地毁坏我们的幸福。

很多人在面对恐惧时会采取逃避的方法，这不但无法从根本上克服恐惧，反而给恐惧感的加强创造了机会，本书将帮你重新审视你面对恐惧时的做法。战胜恐惧的最好方法，就是正视它、直面它、挑战它。我们应该有计划、有步骤地接近令人恐惧的事物，去发现这些事物的真实面目——它并没有想象中那样狰狞可怖。你要学会与恐惧和平共处，直至消除它们。

目录

别怕！胆小的不是你一个

为什么你不敢"抛头露面"

为什么你总是感觉自己不够好

别被"他人即地狱"这句话吓倒

生活中的"紧急时刻"

如何战胜我们内心的恐惧

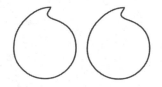

别怕!
胆小的不是你一个

感到害怕很正常

不知你是否问过自己这样的问题：我的恐惧是正常的吗？只有我感到害怕吗？我会一辈子这样吗？别人也是如此吗？以前的人都害怕什么？

婴儿时期害怕与母亲分离；到了上学的年纪有学校恐惧症，考试后害怕自己的成绩不好，还可能怕蛇、怕虫子等。这些恐惧在成年以后可能继续存在。

生活中存在的危险事物可能成为我们恐惧的对象，但随着知识和能力的增长，这些恐惧逐渐不具备恐惧的性质了。恐惧具有时代性，很多在古人看来十分可怕的事，如今对我们来说已经习以为常。

当我们感到恐惧时，我们有可能会陷入恐慌。恐慌是人的一种身体反应。恐慌带来的身体不适感基本都是一时的，只要做好自我调节，或者适应了环境，不适感很快就会自行消失。但如果过分地关注自己的身体感受，就会有很多不切实际的担忧，本来只是轻微的眩晕，就可能联想到晕厥、休克、死亡等，然后就会感觉到自己的身体越来越不受控制。

恐惧带来恐慌，而当你试图减少恐慌，你也能减少心里的恐惧。要减少对身体反应的关注，将注意力转移到其他事物上。告诉自己身体的不适很快就会过去，可以多做几次深呼吸，改变换气过度的状态。肌肉放松训练是恢复身体的最好方法，包括握紧—放松拳头、拉紧额头肌肉、咬牙—放松、弯腰、拉紧腿部肌肉等放松方式，这些动作能够让身体的不舒适感很快消失。

恐惧可能会人传人

　　有的时候，恐惧不仅是个体的心理感受和行为现象，在某一个群体中，也可能存在大部分人恐惧某一事物的现象，这是因为恐惧心理是可以互相传染的。恐惧感传染的方式可能是生理信息的传染，也可能是一个人观察他们的行为而学习到的。

　　在一岁以前，婴儿基本上认为母亲和自己是一体的，他们是通过母亲感知外部世界的。虽然他们不能理解母亲的语言，但对母亲的情绪变化非常敏感。即使母亲有了微小又不易察觉的情绪变化，他们也能感知到。以他们打疫苗为例，母亲可能想到他们皮肤娇嫩或者自己就害怕打针，从而表现出一种轻微的厌恶和恐惧，他们可能就会从母亲那里学习到对打针的恐惧。

美国科学家发现恐惧感可以通过汗液传播。研究人员找来 40 名志愿者参加跳伞实验。在跳伞之前，研究人员将一块垫子放在他们的腋下，这块垫子的吸水性非常好，能留下跳伞者的汗液。这些跳伞者是初次跳伞，必然都有恐惧心理。他们留下的汗液有的是因为初次跳伞的恐惧而产生的，有的是因为运动而产生的。在他们跳伞结束后，科学家给另外一批志愿者安装上大脑扫描设备，然后让他们闻上一批跳伞者留下的汗液，大脑扫描设备记录下来了他们大脑的活动状况。他们大脑中控制恐惧感的区域明显比较活跃。

科学家这样解释这种现象：人们在感到恐惧时会分泌出一种激素，这种激素可能隐藏在人体的生物信息中，能够在人群中互相传播，并且能引发人们大脑相同区域的活跃。这个实验从生物学的角度解释了人类的恐惧感确实是可以相互传染的。

谁还不是"吓大的"

在我们接触的信息中，有一些信息是有误导性的，无论这些信息是否有意，都有可能造成人们的恐慌心理。这种情况在儿童中最为常见，因为儿童很难通过自己认识事物，大部分都是借助于老师和家长的教育来发展自己的认知。在儿童期，父母为了让孩子听话，经常说"大灰狼把你吃了""如果你单独出门，就会遇到人贩子，他会把你卖了""如果你吃太多××，就会得××病""如果你不听话，就把你扔到医院打针"等，以阻止儿童做出某些行为。英国的一项实验说明，儿童会因为受到老师的警告而对事物产生恐惧，而且有明显的逃避、抗拒倾向。

这项实验的对象是 60 名 6~9 岁的儿童。心理学家将他们分为两组，教授性质完全相反的内容。第一组儿童得到的信息是：

袋鼠是一种非常令人讨厌的动物，它们的身体非常脏，携带很多病菌，如果我们与袋鼠靠近，袋鼠就会将疾病传染给我们。袋鼠是一种有害的动物，它们长着长长的牙齿，一看见小动物就会上去咬一口，将动物们的血液当作水喝，和吸血鬼差不多。另外，袋鼠的叫声非常恐怖，尤其在夜晚的时候，凄厉的叫声会传遍整个澳大利亚草原……总之，袋鼠在澳大利亚是最不受欢迎的动物，所有的人都讨厌它。

第二组儿童得到的信息是：

孩子们非常喜欢袋鼠，与袋鼠在一起玩得非常开心。袋鼠最喜欢的食物是水果和叶子，孩子们经常用叶子喂袋鼠，袋鼠不但不会咬小孩子，还会与孩子们非常亲近。总之，几乎所有的澳大利亚孩子都喜欢和袋鼠玩耍。

在两组儿童分别接受了实验人员传递给他们的信息以后，心理学家准备了一些盒子，盒子上有标签贴着动物的名字，而且有小洞可以看清里面的东西。心理学家让儿童一个个从这些盒子前走过，并观察他们的反应。第一组儿童在从贴有袋鼠标签的盒子前走过时，有明显的迟疑动作，他们不想与那种有害的动物离得太近。

这个实验说明，有偏见的信息能直接影响儿童的认知，向儿童描述某种事物是不好的、有危险的、不被人们喜欢的，儿童自然会害怕这种事物。

诱导性信息同样会影响成年人的认知，但成年人之所以受影响不是因为他们认识事物的能力差，而是因为这些信息过于盛行，或者是借助专家的视角，让这些有偏见的信息变得更为"科学"。

因为人们经常受到宣传某种事物危险的信息的影响，所以就算没有切身经历过某种令人恐惧的事件，人们也会认为这种事物是危险的。一个人如果在电视上看到某航空公司飞机失事的新闻，那么他以后在选择出行方式的时候，可能就不会考虑这个出了事故的航空公司，甚至直接选择坐火车进行一次长途旅行。这可能是因为他看到了飞机失事的报道以后，从心里认为飞机是不安全的交通方式，认为避免坐飞机是非常明智的。

很可能，胆小真是天生的

有人说"我天生就胆小"，认为胆小的性格是从父母那里遗传而来的。有的人对此进行反驳："胆小是自己的坏毛病，不要将父母拖进来。"那么胆小是先天形成的，还是后天养成的？

美国埃默里大学曾参考巴甫洛夫研究经典条件反射的方法用老鼠做过一项实验，研究老鼠的恐惧基因是否会遗传给下一代。苯乙酮是一种闻起来与樱桃味非常相像的化学物质，科学家让雄性老鼠嗅这种气味，然后电击这只雄性老鼠，老鼠以为它的疼痛感来自樱桃的气味，便对樱桃气味产生了恐惧感。后续的研究发现，这只雄性老鼠的后代在与父辈生活环境不同的情况下，在没有接触过樱桃气味时，也会对樱桃气味感到恐惧，每当闻到这种气味就会发抖。科学家又用雌性老鼠做了相同的实验，发现雌性老鼠的后代也对樱桃气味产生了恐惧心理。

科学家还发现，老鼠对樱桃气味的恐惧不但通过自然孕育的方式遗传给了下一代，即使是通过人工授精、交叉抚育的后代，仍然对这种气味有畏惧心理。

科学家又用其他刺激作为恐惧对象，验证老鼠的后代们对某种事物的恐惧感是遗传而来的，例如：对脚步声产生恐惧的老鼠的后代，要比其他老鼠更容易对脚步声产生恐惧心理。如果给老鼠新的恐惧刺激，仍然不能将原有的恐惧刺激消除，因为老鼠的大脑中已经保存了对某种刺激的恐惧。

基因的运行方式是动态的，并非静止不动，我们每天的生活和情绪变化都可能对基因产生影响。因此，实验人员认为：老鼠的 DNA 序列虽然没有改变，但 DNA 的表达方式发生了变化，老鼠大脑中检测气味的神经存储了对樱桃气味的恐惧。这种对樱桃气味的厌恶通过遗传的方式，存在于细胞中，导致下一代老鼠对樱桃气味特别敏感。

恐惧与基因有直接的关系，已经在动物身上得到了证实，这一点也适用于人类。国外研究者发现，一些经历过"二战"的人，曾经有一段紧张不安、恐惧无助的生活，这些情绪通过基因在他们的子女身上有类似的体现。他们的后代患有孤僻症、恐惧症等精神障碍的比例要比其他人的后代高。因此，如果母亲在怀孕期间能够精神放松，那么所生出来的孩子就不容易患上精神性疾病。

实验说明恐惧与基因有关，那么恐惧的程度是否也与基因有关呢？德国科学家给出了肯定的回答。

德国波恩大学的研究人员找来 96 名女士，测试他们受到惊吓后的反应。在实验开始时，研究人员将电极连接在她们眼睛周围，捕捉她们的眼睛在看到恐惧的事物后会发生何种变化。这些女士被要求看三组图片，第一组图片能让人心情舒畅，第二组图片基本不会影响人的心情，第三组图片可能让人惊恐。实验发现，在看到令人恐惧的事物时，这些女士眨眼的次数会增加，这种行为受一种名为 COMT 的基因的影响。COMT 基因有 Val158 和 Met158 两种变体。研究人员还发现，如果一个人携带两条 Val158 基因，另一个人携带一条 Val158 基因和一条 Met158 基因，那么前者看到恐惧的事物后，情绪反应更为激烈。

即使一个人具有某种恐惧症的基因，也不能直接说明这个人一定会患上某种恐惧症。因为人类的行为受环境的影响更大，基因只是可能会让人类对某种事物产生恐惧心理，决定这种可能是否会成为现实的关键因素是人类后天的行为。基因不应该为人们的恐惧心理负责，基因只能说明某一类人患有某种恐惧症的可能性要比其他人大。肤色、长相类的基因是人们直接从父母那里继承而来的，恐惧的基因则不一样，它对人的行为的影响可能大，也可能小，至多能让人有一种

恐惧的倾向。人们会不会对某种事物产生恐惧不是完全由基
因决定的，更多的因素来自人们的生活环境。

会害怕，才会更好地应对危险

恐惧并不能和懦弱画等号。恐惧是一种自我保护的方式。出于想要在恐惧中自保，我们会积累相关的知识，于是恐惧在无形中增加了人类存活的可能性。

加拿大多伦多大学心理学系的专家曾用实验说明了这一点。实验人员让一些大学生模仿恐惧的表情，学生们努力地挑起眉毛，睁大眼睛，张开鼻孔。通过各种仪器测量，心理学家发现，恐惧的表情在发现危险和应对危险方面有着很大的优势。当人睁大眼睛时，眼球转动的速度会加快，这意味着人的视野变得更加广阔，可以看到更大范围的事物，能够快速地察觉到危险的事物。人的眼球凸起时，更加容易看清事物的细节，方便人们判断某一事物的危险程度。此外，当鼻孔张开时，会有更多的空气流入肺部，这可以让人体的各个器官做好应对危险的准备。心理学家的这种发现说明，人处于恐惧状态的时候，能够及时发现危险，并且能迅速地找到躲避危险的地方，或者做出其他的反应。

另外，人在恐惧时还有其他的一些生理反应，这些生理反应也可以帮助人们应对危险的事物。一般人产生恐惧感是因为他们感觉有危险向自己逼近。当人处于恐惧状态时，血管会收缩，因此将有更充足的血液流向心肌；恐惧时的肌肉要比平时绷得更紧，这能让人以力量充沛的状态对抗敌人；肺部因为平滑肌放松而获得更多的氧气；当人面对危险的时候，消化系统可能暂时派不上用场，它会自动关闭，以将更多的能量输送给有需要的运动器官。人体的这些生理反应都是为了将主要精力用于处理眼前的危险，无论是选择逃跑，还是上前对抗，因为恐惧而产生的这些生理反应都能让人做好充分的准备。

　　适当的恐惧能够让人及时发现身边潜在的危险，让人不会因为过于大意而受到伤害。有名游客想要登上山顶，他要走一段陡峭的山路。如果这名游客有轻微的恐惧感，他可能在行进中谨小慎微，保持高度的警惕，这能让他平安顺利地走过那段陡峭的山路。如果这名游客没有一丝一毫的恐惧，他就可能会忽略很多潜在的危险。如果有潜在的危险和意外，同时又不容易被他发现，那么他就很有可能受到伤害。美国的心理学家曾经发现，在战场上牺牲的无经验的士兵与他们轻敌有关。有一些战斗经验的士兵，心中有一些轻微的恐惧感，这使得他们在战斗中更加小心谨慎，能及时躲避危险。那些初次上战场的士兵很容易因为不够害怕而丧失警惕，最终丧命。恐惧让人能对危险产生足够的警惕性，从而会更好地避开危险。

　　在面对各种恐惧对象时，人们积累了丰富的知识，并且知道怎样做出最好的防范。对蛇恐惧的人更加善于发现蛇，他们愿意学习甚至能够自己发现应对毒蛇或者处理被蛇咬伤的各种方法。如果一群结伴郊游的人中有一个怕蛇的，那么这个群体在野外活动中就少了一分危险，因为这个人善于发现蛇这种潜在的危险，他会让大家避开。即使有人被蛇咬伤，他也可以进行及时处理。美国《时代》周刊曾经报道，尽管美国人对禽流感非常恐惧，但没有人死于禽流感；美国人总是害怕自己会得疯牛病，但至今患上疯牛病的美国人很少。美国人害怕的事物并没有对他们造成实际危害，这主要是因为人们对恐惧的事物做了非常周全的预防。相比之下，那些因为看起来不够危险，让人不放在心上的事物，更容易让人丧命。

可以说，人们正是因为有恐惧心理，才为自己赢得了面对恐惧对象时的自我保护机制。这个自我保护机制更有助于我们躲避危险。

恐惧，让你不敢不诚实

　　在古代有不少用恐吓的方式检验谎言的故事，在现代也是如此，有的人在恐吓之下一定会将自己所知道的内容全部交代出来。这种方式之所以能成功地甄别出真话与假话，主要是因为有的人无法经受恐惧的折磨。

　　在马达加斯加岛有这样一个故事：一个部落里面一个比较富有的人被杀死了，他的家人不知道谁是凶手，但可以认定三十多个人都有杀人的嫌疑，于是请来部落的巫师占卜，希望巫师找出杀人凶手。巫师把一种植物排成一列，用火点燃，这些植物因为燃烧开始冒烟，营造出一种诡异的氛围。巫师让人找来一只红色的公鸡，拔下公鸡的毛并且烧掉，再把鸡毛烧成的灰烬抹在公鸡身上。然后巫师走到这些嫌疑人面前，告诉他们真正的杀人凶手在触摸公鸡以后将要患上重病，并且很快就会死去。巫师每经过一个嫌疑人面前，都让嫌疑人触摸公鸡。接下来巫师杀了一只白色的公鸡，把白公鸡的血抹在自己的脸上，又在所有嫌疑人面前走一遍。走过之后，巫师背对着这些嫌疑人开始作法，作法之后是占卜，占卜持续了整整一个小时才结束。当巫师占卜完以后，并没有转过身来，而是继续背对着这些嫌疑人说："神已经告诉我到底是谁杀人了，一共有五个人，他们是第一排从左数第二个、第二排从右数第一个……"巫师还没有说完，就有三个人从队伍中逃跑了，巫师提到的那两个人也供认了自己的罪行。

现代人不像部落居民那样笃信神明，心理承受能力差，经受不住恐吓，同时现代人要比这些部落居民的分析能力强，所以很容易看出巫师找出杀人凶手的方法。巫师在将植物点燃的时候就营造了一种神秘的气息，让这些人相信神明知道自己的行为。所谓的杀人者触碰到公鸡会死亡也是巫师胡说的，但通过这个方式可以找到杀人者。杀人者害怕自己会死，所以不会真的触碰公鸡，因此手上也不会留下灰烬的痕迹。巫师通过观察这些人的手就可以判定到底是谁杀了人。巫师之后杀白公鸡，并且在嫌疑人面前巡视一圈的目的是完善自己寻找真凶的仪式，让那几名杀人凶手相信巫师确实有能力找出他们。接下来的作法和占卜是为了营造一种恐怖的氛围，不断冲击杀人者的心理防线，让他们承受煎熬。巫师此举的效果非常明显，有三个人在听到自己的同谋者被发现以后迅速选择了逃跑。巫师的成功之处在于他用了很长时间营造恐怖氛围，也让部落的其他成员感受到了巫师的法力无边，从而敬畏神明，起到了杀鸡儆猴的作用。

类似的故事在中国历史上也有，对那些知识水平不高、心理承受能力比较差的人效果最明显。

宋朝时，有一名叫刘宰的县令。一天，他在县衙工作，一个大户人家来报案，这家人发现一支很贵重的金钗丢了。刘宰调查后发现，小偷就在这家人中，金钗是在房间里丢的。

当时在房间里的是两个小丫鬟。然而，她们都不承认自己拿走了金钗。

刘宰没有对她们两个严刑逼供或者劝说她们自首，只是将这两人暂时关在大牢里。两天过去了，他也没有再次审问。第三天的时候，刘宰亲自去大牢里见那两个丫鬟。他将两根芦苇给了这两个丫鬟，并对她们说："这芦苇是我从一个仙人那里求来的，它有神奇的能力，能够将不诚实的人找出来。你们每人手里都有一根芦苇，但是偷了金钗那人手中的芦苇会变长，比没偷的人手中的芦苇长一寸。你们且收好，我要在明天断案。"说完，刘宰轻松自在地走了。

第二天，两个丫鬟被带到大堂上审问。按照命令，两个丫鬟将各自手中的芦苇交了出来。刘宰将两个丫鬟手里的芦苇分别量了量，其中一根确实比另一根长出一寸。手中握着长出一寸芦苇的那个丫鬟刚想解释，刘宰已将头转向另外一个丫鬟了。他厉声问道："金钗是你偷的，你为什么这么做？还不快招！"跪在地上的丫鬟心惊胆战，但仍然不死心，还在狡辩："我不是小偷。是您自己说过的，偷了金钗的人手中的芦苇会长出一寸来，我的芦苇分明是短的！"刘宰道："分明是你！哪有一根普通的芦苇会长长，我将两根一样长的芦苇分别给了你们。现在你的短了，分明是你自己截了一寸。你是心里有鬼才这样做的吧！"这个丫鬟听到这里终于招供了。

刘宰的做法和上个故事中的巫师的做法非常相似，都是营造一种恐怖、神秘的氛围，考验人的心理承受能力，承受不住恐惧的人必然会有所行动，从而暴露自己。

利用人的恐惧心理寻找真相并不一定每次都成功，例如古代用嚼米粉的方式判断一个人是否诚实。古人认为有罪的人由于恐惧而口干舌燥，所以不可能把米粉咽下去。这在道理上似乎说得通，但由于每个人的唾液腺分泌能力不同，是否分泌唾液、分泌多少唾液都是不确定的，因此用这种方法判断一个人是否说实话会经常出错。另外，将这种方法用在那些心理承受能力比较强，或者经过特别训练的人身上也是行不通的。第一个故事中，如果有一名杀人凶手根本不相信触碰了公鸡会死而勇敢地摸了公鸡，那么巫师就不能发现他了，他的同谋发现巫师判断有误以后，很可能对巫师的判断力就不那么相信了，所以可能会出现死不承认的局面。因此，利用人们的恐惧心理检验诚实是一种可行的方法，但不可能有百分之百的准确率。

压力越大，越容易恐惧

人在承受巨大压力时，会产生很多负面情绪，例如：焦虑、恐惧、抑郁等。这种压力的来源可能是自己的过高期许，也可能是环境逼迫的。压力越大，人的不良反应就越大。

人正常的精神活动因为压力太大而被打乱时，恐惧心理就会乘虚而入。

麦克是一名食品生产企业的车间主任，有一次他发现，一名员工由于粗心大意将一种食品添加剂放多了，而且大大超出国家规定的安全标准。他发现这件事情以后，及时地纠正了这名员工的做法，没有给企业造成太大的损失。然而很

不巧的是，这一天工商局和食品质量监督部门的工作人员来
到麦克所负责的车间进行检查，发现了这件事。有一名检查
人员威胁说："如果你不给我封口费，我一定会让媒体曝光
这件事。"这时候，麦克感到非常为难，不知道应该怎么做。
麦克知道自己所在的企业从来没有违规操作，在市场上有很
好的声誉，深得消费者信赖，这天发生的事情纯属意外，而
且员工的错误已经被他及时纠正了。他一方面担心如果不给
封口费，这名检查人员会真的让记者来曝光，企业多年的信
誉就要毁在他手上了；另一方面，如果他贿赂公职人员这件
事被发现了，那么企业一定会解雇他，他的职业生涯有了这
个污点以后，很难再找到一份满意的工作了。两种思想在他
的头脑中你死我活地缠斗着，麦克感到自己承受的压力很大，
他根本找不到可以解决的办法。从此以后，麦克内心的宁静
被压力打破，他生活在既害怕被媒体曝光，又害怕自己被解
雇以后再也找不到工作的恐惧中。

　　人在承受巨大压力的时候，内心比较脆弱，心理承受能
力大大降低，对自己和周围的环境都缺乏信心，而且无法将

心中的苦闷排解出去，就这样，恐惧感会越来越强。

人的情绪有 60% 受外界的影响，剩余的 40% 全靠自我调节。压力来自环境，但人的内心将其扩大了。在压力过大的情况下，那些原本并不让我们感到害怕的事物，也会变得非常恐怖。当压力无法排解的时候，它可能就像是压死骆驼的最后一根稻草，让人们平静的内心突然掀起惊涛骇浪，人会因此生活在对某种事物非常恐惧的阴影中。

适度的恐惧感，可让人超常发挥

当人们过度恐惧的时候，就会出现"吓傻了，不知道如何是好"的状态。恐惧给人带来的害处远比好处多，不过有的时候恐惧未必是一件坏事。如果恐惧感只是轻微的、适度的，没有达到让人崩溃的程度，人们是能够从这种恐惧中受益的。

医生们发现，手术前完全不害怕的人在手术后的恢复情况未必好，这些人经常在手术后大喊伤口特别疼。相比之下，手术前害怕疼痛的人在手术后的反应就没有那么强烈。手术之前特别担忧疼痛的人在手术后的恐惧感也比较强，同样经常抱怨伤口疼。从这三种病人可以发现，手术前没有一丝害怕的人和手术前极其害怕的人走上了两个极端，这两个极端都不利于身体恢复。那些在手术前感到恐惧，但没有恐惧到极点的人从他们的恐惧感中受益了，可见轻微的恐惧感能够给人们带来益处。

在紧急情况下，恐惧可能让人表现得比平常更为出色。在第二次世界大战中，美国的一架轰炸机被敌人的高射炮击中了。副驾驶员的脸受伤了，他感觉非常痛苦。这个时候主驾驶员表现得异常镇静，拿起氧气面罩给副驾驶员戴上，然后从容地发起了反击，他们二人最终出色地完成了任务。当飞机降到地面的时候，其他飞行员还向他们表示祝贺。种种迹象显示，主驾驶员没有因为飞机被敌军击中而感到恐慌，相反能够出色地进行战斗。不过当这名驾驶员开始换衣服的时候，恐惧反应出现了，他浑身颤抖，而且不能自已地哭了。实际上，当飞机被击中的时候他也感到了恐惧，但他还是集中精力完成了作战任务。当他换衣服的时候，暂时被他忘记的恐惧出现了，他才表现得和正常人遇到危险时一样。

　　拿破仑在一次打猎中，听到有人落水后在求救。他跑到河边看到那人正在水中挣扎。一般人看到这个场景的反应是跳入河中将人救起，但拿破仑的做法完全相反。他向河里开了两枪，大喊："你自己爬上来，不然我就开枪杀了你！"落水的人更害怕了，于是忘记了自己不会游泳的事，全力向岸边挣扎。上岸后，他质问拿破仑："你怎么见死不救，还落井下石！"拿破仑说："我也不会游泳。"看到落水者愤怒的表情以后，他继续说："你应该想一想，如果我不吓唬你，你能爬上来吗？"这时，落水的人无话可说了，因为他突然发现拿破仑说得很对。可见，人在恐惧的事物面前，潜力能够被激发，平时很难做到的事都可以轻易地做到了。

　　恐惧能促使人们超常发挥。很多人都对演讲感到恐惧，但是那些善于利用自己恐惧感的人却能在台上发挥得更好。如果演讲者不善于引导这种恐惧感，被恐惧感控制，那么可能出现肌肉痉挛的情况，直接结果就是表达不清晰流畅，演讲注定不会取得好的效果。考试也是如此。不管一个人经历了多少次考试，在比较重要的考试中仍然会感到恐惧和紧张。

适度的恐惧感能让人集中注意力，很快地进入考试状态，同时恐惧感使大脑高速运转，这能提高人的思维反应速度，促使人超常发挥。此时，恐惧感是一种推动力，而不是一种阻力。运动员在比赛中也需要一定的恐惧感才能发挥出较高水平，因为当运动员感到恐惧的时候，肌肉有一定程度的紧缩，这能激发他们的潜能。不过，演讲、考试、比赛中能让人发挥好的恐惧感都不是无限放大的恐惧感，而是轻微、适度的恐惧感。恐惧感过度必然无法让人发挥出正常水平。所以，当我们感到恐惧的时候，不要任由恐惧的情绪自由发展，也不要试图消灭它，而是留住一点，让自己因为恐惧而思维敏捷，比平常表现得更好。

恐惧感促使人在紧要关头超常发挥的例子，在历史上非常常见。波斯帝国的大流士一世上台就是一个典型的案例。

在大流士一世上台之前的一段时间内，祭司高墨达凭借长相与被暗杀的新国王相似，便冒充他主持朝政。为了不被发现，他很少出现在人们的视野中。但已故的老国王的一位宠妃识破了他的假身份，因为他的一只耳朵以前被割掉了，而新国王双耳完整。宠妃的父亲证实了高墨达的身份后，便召集七个亲信商量对策。这些人中有的认为推翻国王是一件危险的事，便想向假国王告密。此时七个亲信之一的大流士一世当机立断，决定当晚就发动政变。于是这七个深感恐惧又没有充分相互信任的人开始谋划他们的大业。当天晚上这七个人进入皇宫刺杀假国王，假国王在与他们格斗的过程中躲入了密室，密室中漆黑一片，什么都看不见。这七个人中有一个在黑暗中与假国王格斗，但其余六个人不敢上前帮忙，因为他们害怕自己一不小心误伤了同伴。此时与假国王格斗的人向他的同伴们呼喊："用剑刺吧！不用担心误伤我，如果你们看不见，那就把我们两个都刺死吧！"这个时候大流士一世拔起剑就向两人刺去，非常幸运的是被他刺死的是假国王高墨达，他的同伴没有被误伤。此后，大流士一世成为国王，并开始了波斯帝国历史上著名的"大流士一世改革"，波斯帝国日益强大。

从密谋到发动政变的过程中可以发现，大流士一世做出当晚行动的决定时处在恐惧的状态，与假国王格斗的密谋者让同伴们把他们两个都刺死的时候，大流士一世也处于恐惧状态，最终大流士一世在恐惧的状态下将假国王杀死。在现在看来，即使这七个人的准备时间比较充分，他们仍然面临失败的可能；如果大流士一世在白天向两个人刺去，他也未必能准确地刺死假国王，同时让同伴毫发无伤。但这七个人在恐惧和准备不充分的时候发动政变反而成功了，可见人在恐惧的时候有一定的爆发力。不过这种恐惧必须有一个前提，那就是不过分恐惧。如果大流士一世和他的同伴们已经恐惧到了必须告密或者提着剑不敢动的程度，那么这次刺杀行动一定不会成功。

你经历过创伤性事件吗

一个人曾经经历的创伤性事件可能会给他留下严重的心理阴影，让他持久地恐惧。按照条件反射的原理，人们的恐惧感是从过去的经验中形成的。如果有一种令人恐惧的刺激反复出现若干次，就会形成条件反射，那些令人恐惧的刺激就成了人们恐惧的对象。如果人们想要逃离这种恐惧，恐惧感不但不会弱化，还会强化。曾经有一项调查，在 176 名恐慌症患者中，有过窒息经历的人占到了 20%，这在事实上证明创伤和恐惧之间有着直接的联系。

由创伤引发的恐惧可能是无意识地进入人的大脑的。某一事物第一次对一个人造成了伤害，如果后来他再次与这类事物接触，他就会无意识地躲避。这时候他可能会意识到："我曾经被它伤害过，还是离它远一点好。"心理学家克拉帕雷德的主要研究方向是儿童心理学和记忆。他曾经遇到一位有趣的病人。这位病人的大脑受到了一定的损害，患上了健忘症，即使是短期内发生的事情，他也记不住。他每天都去看心理医生，但在第二天的时候完全记不得他的心理医生是谁，于是他每次看心理医生的时候，克拉帕雷德都要做一次自我介绍，并和他握手。有一天，克拉帕雷德在与这名患者握手的时候，将手里隐藏的一枚大头针刺向了这名患者，这名患者感到刺痛后立即收回了自己的手。第二天，克拉帕雷德与这名患者进行例行的自我介绍和握手，当他将自己的手伸向患者时，患者便不愿意握手了。虽然这名患者完全记不住昨天被刺的事情，但握手被刺这件事的影响还在，以至于他在无意识的情况下还保持着对握手这一动作的警惕。从这名患者的行为中可以看出，人曾经的经历是恐惧感的来源之一，而且并不需要人们刻意地记忆，就能将对自己造成伤害的那件事记住。

　　电梯有出事故的可能，那些经历过电梯事故的人要比听说电梯出事故的人更容易对电梯产生恐惧。例如，一栋办公楼有两部电梯，其中有一部经常出事故，另一部比较安全。一天中午，不太安全的那部电梯由于超载，直接从16 楼坠到了 11 楼，从 11 楼到 1 楼电梯正常运行。那些曾经经历过从 16 楼掉到 11 楼的人有过切身的体会，他们在以后乘电梯时可能更紧张，他们可能会时刻紧盯着楼层指示，希望快一些到达自己需要到达的楼层，有的甚至宁可浪费体力和时间爬楼梯，也不乘坐电梯了；有一些人，虽然在现场，但是乘坐了安全的电梯，只是听到了另一部电梯有尖叫声，他们可能感到心有余悸和庆幸，在后来乘电梯时会想到这件事，但未必特别害怕；还有一些人没有乘电梯，但是关于那天电梯超载下坠的事情道听途说了不少，他们可能认为那天乘坐电梯的人很不幸，自己再乘坐电梯时可能不会总想着"万一电梯又坏了怎么办"，只会下意识地乘坐不容易出事故的那部电梯。这三种不同的反应可以说明，不幸的经历给人带来的恐惧感更强烈、更持久。

如果某一次创伤非常严重，那么一次创伤就足够让人们形成持久的恐惧感。

　　很多人都会经历对自己造成伤害的事，但并不是所有经历了创伤的人都会形成恐惧感。例如，在一个小区里有一条非常凶狠的流浪狗，它几乎见人就咬。有的人被咬了以后只是当时害怕了几天，打过狂犬疫苗以后，就逐渐将这件事情忘记了。有的人则牢牢地记住了这件事，在他们后来的生活里，不但害怕被狗咬，而且害怕狗叫、害怕狗毛、害怕狗的照片等一切与狗有关的东西。这与人的自我调节能力有关。有的人通过适当接触恐惧刺激的方式让自己的恐惧感消失了，一段让自己不快的记忆成为学习新技能的宝贵经验；有的人则一再回避恐惧刺激，让自己的恐惧感越来越强烈。但不管怎么说，创伤是恐惧感最重要的来源。

量变到质变：恐惧的强化效应

　　如果一种恐惧刺激持续出现，或者一种恐惧感总是涌上
心头，人们心中的恐惧感就会愈演愈烈，甚至可能让人精神
失常。持续的小恐惧累积到一定程度和一次大恐惧会产生同
样的效果。科学家将一只小老鼠关在金属笼子中，时不时地
用微小的电流刺激它，次数多了以后，小老鼠就产生了对笼
子的恐惧。科学家对另一只小老鼠采取一次性大电流的刺激，
它也产生了对笼子的恐惧。对于小老鼠而言，一些小的恐惧
刺激会加重它们的恐惧心理，对于人类也是如此。

　　恐惧的强化效应，是非常可怕的。它可以使量变累积到
质变，心理亚健康会发展成心理疾病，小的心理疾病会恶化

成极难治愈的大病。

　　在一档电视调解节目中，一个女嘉宾历数了男友各个方面胆小的表现：不敢接电话，不敢出门，不敢开门，不敢收快递，不敢开车，车子内的空间一定要用纸箱或者矿泉水瓶子塞满，不敢将自己的女朋友介绍给亲朋好友等。女嘉宾对男友的这些问题忍无可忍，提出想要分手。男嘉宾不想分手，但也不将自己的真实想法吐露出来，直至在专家们的介入下，男嘉宾才将自己这些恐惧的来源讲清楚。他说：

　　我曾经谈过一个女朋友，那个女生对我死缠烂打，我实在受不了了，于是和她提出分手。在我提出分手以后，我的前女友还总是黏着我，这让我很反感。不仅如此，我的前女友还经常用自杀的方式威胁我，想要和我复合。最让我受不了的是她的哥哥，总是认为我欺负了他妹妹，不断地来找我的麻烦。她哥哥曾经叫一大群人围殴我，我被他们打得鼻青脸肿，不敢出门。我害怕只要我一出门，她哥哥就来揍我。她哥哥经常给我打恐吓电话，逼迫我和他妹妹复合，我换了几次手机号码才让她哥哥找不到我。家里的座机电话线也被我拔了，因为她哥哥经常半夜打电话过来恐吓我，就像午夜凶铃一般。为了不被他们兄妹纠缠，我换了房子，希望我再也不被他们兄妹找到，但是我还是害怕一开门就遇见他们，所以我不敢收快递，如果他们假冒送快递的，我一开门他就打我，我该怎么办？我将车子里用纸箱和矿泉水瓶子填满也是不想被他们看见。我不是邋遢，我只是害怕他们从车窗看见我，又过来找我的麻烦。我不敢将我的现女友介绍给亲戚朋友还是因为他们兄妹俩。我怕他们知道我有了新的女朋友以后，心里不满找我现女友的麻烦，我很爱我的现女友，不想让她受到任何伤害……总之，我的前女友和她哥哥在我和前女友分手后，总是打乱我的生活。如果只有一次、两次，我还以为他们是因为我和前女友分手后，想要照顾我前女友的情绪，我也就认了。但是他们不止一次这样，在分手的一年内，我经常被他们骚扰、恐吓、殴打，直到我换了房子、断了联系方式以后才得到安静。谁能够长期忍受这样的生活啊！所以，我认为他们的种种做法给我造成了深深的心理阴影，我现在的胆小完全是因为他们以前不断地上门找我麻烦造成的。

从男嘉宾的辩解中可以发现，前女友和她哥哥不断找麻烦的行为，是他恐惧感产生的根源，而且这种恐惧心理持续的时间非常长。当他和现女友谈恋爱的时候还保持着对前女友和她哥哥的警惕，生怕有一天他们再次出现在他面前，伤害他和他现在的女朋友。男嘉宾的种种行为都是对前女友和她哥哥敌视、躲避的表现，就像是在打一场潜伏战，他害怕自己一不留神就被他们抓住、折磨。

这名男嘉宾的恐惧感的形成和持续过程都伴随着他对恐惧刺激躲避的行为，虽然他的防守做得十分到位，但是他的恐惧感更加强烈了。持续面对恐惧刺激和躲避恐惧刺激一样，也可能强化人的恐惧感。

琳娜特别害怕吃虾，包括龙虾、白虾和小虾米。但是她不害怕与虾保持一定距离观看虾，也不害怕吃虾丸等用虾做

成的食物，也不排斥在做菜时放虾油。她看见虾有着长长的
触须和脚，总是想着这种动物在自己的嘴里、胃里爬，于是
感到非常恶心，只好转过头去，眼不见为净。也就是说她所
害怕的是食用整个的虾，对于其他虾制品没有恐惧感。为了
克服这种恐惧感，她学着不断地接触虾。她选择了小虾米作
为她第一个需要克服的对象，但是过程非常痛苦。小虾米看
起来不是那么恐怖，她试着将小虾米吃下去，她不敢用手抓，
只好用勺子往嘴里送。在往嘴里送的时候，她把眼睛闭上，
另一只手捏住鼻子。试了几次以后，她发现自己不但没有克
服对虾的恐惧，反而更加厌恶这种食物了。在一次聚餐中，
朋友看她没有吃虾，以为这道菜距离她太远，于是自作主张
地夹了一只给她。当时琳娜的反应特别强烈，她直接将自己
的碗扔出去了，让好好的聚餐气氛降到了冰点。从此以后，
再也没人敢让她吃虾了，琳娜自己也认为她与这种高蛋白的
营养食物彻底无缘了。

　　琳娜为了克服恐惧，不断地与自己害怕的事物接触，最
后不但没有克服恐惧，反而还加重了对虾的恐惧。这个过程

非常痛苦，虽然总是想着能一步步地接受自己害怕的事物，但事实证明她完全失败了。

　　恐惧的症状因为一点点恐惧刺激的积累而加重，人们将自己害怕的事物看得越来越"危险"，更强烈的恐惧感因为不断与害怕的事物接触而释放出来，战胜恐惧的信心变得越来越弱，害怕的事物最终成了避而远之的"病毒"。

你可以害怕，但不能越想越怕

　　人在恐惧时伴有很强的焦虑性情绪，这很有可能发展成焦虑症；强迫性恐惧可能发展成强迫症；过于担心自己的恐惧情绪可能会让人患上抑郁症。这些都是由恐惧导致的精神性障碍。

　　疑病也有可能是由恐惧情绪发展而来的。人们对于自己害怕的事物总是有躲避的倾向，当处在一个陌生的环境中时，经常怀疑这个环境是不是隐藏着令害怕的事物。此外，人在恐惧之下会有多种多样的身体反应，过分关注这些生理反应的人就会怀疑自己患上了某种疾病，比如当人处于恐惧的状态时，可能会感到心跳加快、呼吸急促，他就会想到"我是不是患上了心脏病？"或者"我怎么感觉自己有了哮喘的迹象？"越是在意自己的身体感受，就会越来越怀疑自己患上了重病，于是便去医院检查，经过检查后发现，并没有患上所担心的疾病，但心跳和呼吸异常是切实感受到的，因此便怀疑医院的检查不仔细，从而经常求医，可是检查结果始终显示没有患病。

除了精神性疾病直接与恐惧有关以外，身体上的疾病也与恐惧有关。身体在恐惧时的不舒适被称为自主神经功能紊乱。主要表现有：出汗、肠胃不适、呕吐、腹泻、胸闷气短、大小便失禁、头痛、头晕、心烦等。另外，身体的免疫力可能因为恐惧而下降。即使恐惧的情境已经过去，人们再次回忆当时可怕的事物时，同样可能出现身体上的不适或者疾病。很多被恐惧感严重折磨的人，经常有"一死了之"的念头，有的重度恐惧症患者就选择了自杀。

在恐惧感最严重的时候，人甚至会死亡，不过这不是自杀，而是被吓死的。契诃夫有一部短篇小说名叫《小公

务员之死》，里面讲到一个小公务员是怎样死于自己的恐
惧之下的。

　　故事的主人公名叫切尔维亚科夫，是一个小公务员。在
一次看戏的时候，切尔维亚科夫看到有个老头在擦脖子，嘴
里还骂骂咧咧的，他认出来了，这个老头是一个在交通部任
职的三品官。切尔维亚科夫感觉是自己的喷嚏飞溅到人家的
身上了，本着礼貌的原则，他前去道歉。走过去以后，切尔
维亚科夫贴着那名官员的耳朵说："对不起，请您原谅我，
我刚才打了个喷嚏，可能溅到您身上了，请您不要介意……"
官员说："没关系，没什么大不了的。"

　　此时，切尔维亚科夫认为对方没有原谅他，因此再一次
诚恳地道歉："请您一定要原谅我，我不是故意的……"这
名官员感到不耐烦，于是大声说道："你快坐下看戏吧，不
要再说了！"切尔维亚科夫的惶恐感不断上升，他认为这名
官员一定记恨他，自己的前途将是一片黑暗。

回到家以后，切尔维亚科夫将这件事告诉了妻子，妻子认为他应该在上班的时候到官员的办公室去道歉，切尔维亚科夫非常赞同妻子的意见。

第二天是上班的日子，切尔维亚科夫来到了官员的办公室，对那名官员说道："请您一定允许我诚挚地向您道歉，昨天的事我不是故意的，看在上帝的面子上——"官员打断了他的话，因为官员的下属在汇报工作，被下属们知道上司被喷嚏溅到会让他很没面子，所以官员愤怒地向切尔维亚科夫大吼："你不要再道歉了，我已经知道了，我已经原谅你了，现在请你立刻出去！滚！"切尔维亚科夫认为官员还是没有原谅他，否则怎么会对他态度如此恶劣？于是他决定第二天在没人的时候再次去道歉。

果然，到了第二天，切尔维亚科夫又出现在办公室了。他非常卑微地说："对不起，大人，那天的事情是我不对，我已经深深地反思了，我太鲁莽了，我有失绅士的涵养，请您一定要原谅我……"这个时候，官员已经认为自己的忍耐达到了极限，他从来没有见过这样难缠的人，于是他把切尔维亚科夫轰走了。

官员的行为让切尔维亚科夫确信，自己仍然没有被原谅，于是他几乎每天都找机会去道歉。一个星期以后，当切尔维亚科夫在办公室道歉的时候，这名官员被他折磨够了，于是他将桌子上的文件甩在切尔维亚科夫身上，并让几个卫兵将他拖了出去。在回家的路上，切尔维亚科夫认为他的心碎了，他认为自己彻底得罪了那名官员，他艰难地迈着沉重的步子。到了家里以后，他一头倒在沙发上，然后……死了。

小说的叙述可能有夸张的成分，但在现实中，人在恐惧之下精神会备受折磨，当人的精神被折磨到极限的时候，人就濒临死亡了。所以，极度的恐惧导致死亡是存在的。

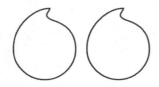

为什么你不敢
"抛头露面"

你的"社恐"不是天生的

　　社交恐惧非常普遍，各个年龄段的人都会有这种情绪，没有明显的性别差异。人们很少把"社恐"视为一种心理障碍，只是将它与"害羞""羞怯""内向"联系在一起。

　　心理学家将人们社交恐惧时的表现分为四类。第一类是思维方面的表现。例如，无法集中精力思考问题，担心自己会出丑，大脑一片空白，不知道说什么好。第二类表现是行为方面，主要是逃避。例如，不敢正视他人的眼睛，用头发将脸遮起来，在人多的时候玩手机等，言语表达不流畅也属于这一类。第三类表现是人的身体反应，包括脸红、发抖、出汗、身体僵硬、心跳加速、呼吸困难等。第四类表现是人在面临社交恐惧时，会出现忐忑、自卑、愤怒、抑郁等情绪。

根据社交恐惧出现的场所，可以将社交恐惧分为广泛社交恐惧和特殊社交恐惧。广泛社交恐惧是指那些无条件出现的恐惧心理。例如，不敢去公共场所，不敢认识新的朋友，不敢和他人讨论问题，无论什么时候都感觉被人指指点点，不能接受与人聊天，等等。当生活中的每一个环境都成为要避免的社交情景时，躲在家里不出门就成为这些人的最好选择。躲避恐惧久了，这些人很容易患上回避型人格障碍。

特殊社交恐惧特指在一定场合下出现的社交恐惧。比如，当众发言的恐惧、推销商品的恐惧等等。有项调查显示，有10%的人对当众发言感到恐惧。这种恐惧的高峰期出现在发言之前，一旦进入状态，恐惧感就会逐渐变弱，甚至消失。当发言结束后，人们会感到轻松。广泛社交恐惧的危害要比特殊社交恐惧的危害大得多。特殊社交恐惧只是出现在特定的场所，正常人在这些场所也可能感受到恐惧，但在使用了恰当的社交技巧后，这种恐惧的危害可以被控制。

　　社交恐惧会给人的生活造成很多障碍。首先受到影响的是人的社会关系。如果闲聊、打招呼都是一件困难的事，那么人们很难建立起自己的人际关系网。如果在当众讲话时表现出明显的紧张、不安，那么他的自信心会受到很大影响，听众对他的印象也不好。社交恐惧可能让人失去一些职业发展的机会。在企业中，领导者必须具备一定的社交能力，很难想象一个当众说话结巴的领导会拥有顺从的下属。对于严重的社交恐惧者，他们的日常生活都会受到影响。比如，不敢出门、不敢去商店买东西、不敢接打电话等行为会让他们脱离社会群体。有的人在社交局面打不开的时候，会用酗酒的方式麻痹自己，似乎在酒精的作用下，他们就不害怕各种社交情境了。实际上他们受到了恐惧和酒精的双重伤害。社交恐惧还可能引发其他精神疾病，有的社交恐惧症患者同时也是抑郁症患者。因为有些社交恐惧症患者会封闭自己，长此以往就会因为缺乏人际交流而患上抑郁症。

你的经历里藏着你"社恐"的理由

　　社会心理学家认为社交恐惧与文化环境有关。文化变迁会给人带来压力。一个人处在比较熟悉的文化环境中，会感到轻松和舒适。但如果受到一种新的文化的冲击，人际关系和人际交往方式可能就会发生变化。如果不能适应这种变化，就会感到无助，因此会产生各种心理障碍，其中就包括不愿意与他人交往，力图保持原有的生活方式。如果这种心理倾向得不到控制，很有可能就发展成社交恐惧。人们习惯于原有文化下的思维模式，当新的文化袭来时，很容易产生两种矛盾的心理：一是接受新的思维方式，二是保持原来的思维方式。当这两种思想斗争比较激烈的时候，人们就会感觉自己处于震荡之中，发现自己不能平衡两种思维方式的力量，这可能让人感觉自己对新的人际关系无能为力，经常逃避之后就会对社交产生恐惧心理。

对自我的认识影响人们对社交的态度。西方人对自我的认识是以"自我"为中心的，东方人对自我的认识是以"人际关系"为中心的。这种思想观念的不同直接影响人们的交往模式。西方人更喜欢按照自己的意愿做事，而东方人为了维护人际关系则显得束手束脚。带着各种担忧与人打交道，难免对人际交往产生畏惧心理。重视群体、忽视个体的思维方式让人特别在意自己在社交中留给他人的印象，所以很多东方人在社交中对自己的期望特别高。一旦出丑或者失败，非常容易产生负面情绪，认为自己在社交方面缺乏天分，因此会产生避免和人接触以免"下不来台"的想法。

从个体的角度来说，社交恐惧的原因可以追溯到一个人的婴儿时期。如果婴儿从一出生就与父母关系不够亲密，尤其是母亲，那么他对环境的适应过程就会受阻。人类在幼年的很长一段时期都必须依靠父母的照顾才能生活，对父母的依赖让婴儿产生信赖感和依存感。婴幼儿需要在被人关心和照顾的环境中成长，否则他们就会感到不安全，进而产生恐惧感。婴儿所需要的照料不仅仅是喂奶，更多的是与父母尤其是母亲建立起亲密的联系，这在婴儿刚出生的几个星期内非常重要。婴儿特别需要父母的关爱，否则就很难对外界环境产生信任。心理学家发现，有些孤儿院中的小孩一出生就与父母分离，虽然他们在孤儿院中得到了很好的照顾，但不能与父母在一起的创伤始终没有办法治愈。即使父母在身边，但也有可能因为工作或者其他原因而对孩子疏于照顾，这种成长环境下的孩子也不能得到充分的关爱。这些在婴儿时期与父母关系就不够紧密的婴儿，要比其他孩子更脆弱。因为得不到充分的安全感，他们要比其他孩子更容易感到恐惧。他们从小就对世界产生了抗拒心理，时时刻刻都有保护自己不受伤害的无意识行为。这让他们更加不愿意与人接触，缺乏人际互动和社会经验，造成他们过度地关注自我，甚至将自我封闭起来，只愿意生活在自己的世界中。即使一个人在长大后根本想不起来自己婴儿时的生活，但小时候的经历对他们现在的行为依然有很大的影响。婴幼儿时期缺乏关爱的影响是隐性的。就算人们意识不到，但这种影响的确是存在的。

一个人成年时社交恐惧的原因可以追溯到他幼年时期的不良家庭环境，包括缺乏家人关爱、父母婚姻变化、受到不公正的待遇、家人过度保护、家庭错误的教育方式、家庭成员之间不和、父母对子女严重忽视等。这些都可能导致一个人在儿童时期感受到冷漠和孤独、无助和不安，个性和社交能力发展受到阻碍。因此他在社交中缺乏自信或者感到焦虑，总是以回避的态度对待社交。

一个人童年时的经历对以后的性格有着重要的影响。心理学家发现，如果一个人在童年时期受到虐待、欺负、羞辱，成年后患社交恐惧症的可能性非常大，社交恐惧的人中有 79%~98% 的人在童年时期有过不愉快的经历。

　　总的来说，社会文化和思维方式对人们社交中的态度有潜移默化的影响。个人成长中缺乏关爱是造成一个人社交恐惧的最深层次原因。此外，科学家还发现，遗传、大脑神经问题也有可能导致一个人对社交产生恐惧心理，但社会环境因素也是社交恐惧的一个主要原因。

改变思维模式能缓解你的社交恐惧

给自己太多的心理压力会加重你的社交恐惧。很多人对自我的要求非常高。比如，在他们看来，一个发言要达到以下几点才算得上完美：（1）凡是听了发言的人都认为他讲得"好"；（2）讲话的内容必须十分精彩，每一句话都是出彩的；（3）在今后很长一段时间内，没有他人的发言超过他的发言。其实很少有人能符合这几条标准，一个完美的发言只要能够得到大部分人认同，在个别部分有出彩的地方就可以了。然而对社交恐惧的人可能认为"如果没有被所有人称赞，那么这次发言就是失败的"。这种判断方式会让人感到非常疲惫。我们要容忍自己没有做到最出色的地步，也要相信自己没有差到不能容忍的地步。

过于执拗会加剧人的社交恐惧。比如，有的人总是认为自己说话的时候语速过快或者过慢，不管别人怎样告诉他"你说话的速度很正常"，他都不相信，他习惯于自我诊断，不断练习调整说话的速度，结果越练习越出错，本来很正常的语速，让他矫枉过正了。再如，有的人对自己的衣着打扮缺乏信心，总是"发现"别人说他穿得像个乡巴佬。虽然他穿得英俊潇洒，但他却总能找到自己穿着不得体的"证据"。这些行为都会加重对社交的恐惧。

拒绝以偏概全。很多人习惯于注重一个不起眼的错误，而忽略整体上的优点。比如，说话的时候讲错了一个字，就盯着这一点小错误不放，将更为精彩的地方全部忽略。一百个听众当中只有一个人表现出不耐烦，就认为这一百个人都对他有意见。将注意力集中在一件对全局不能造成影响的小事上，就会忽略事物的主干。而且这件小事基本上是负面信息，对这一点不重要的负面信息过分在意，很容易打击人的自信心，让人感觉自己什么事都做不好。

把自己置于人群当中。很多人都会不自觉地把自己划分到人群外。一个人在与他人交流时插不上话，就认为自己不是这个圈子的。进而他的大脑中就会产生这样的想法：我和他们不是一类人，和他们在一起也没什么可说的，不管我说什么都插不进去话，即使插进去了，他们也觉得我说得不对。他试图改变自己，使自己融入某个集体，但最终发现无论怎样努力，都不能让自己和别人打成一片。此时，再看到其他人谈笑风生，则会加大他的心理落差，于是他会感到更加慌乱，甚至避免和别人交往，免得自己说了他们不喜欢的话被他们嫌弃。想要避免这一连串的负面反馈，首先要改变把自己划在人群之外的习惯。

过度追求完美是一种心理负担

过度追求完美的人，非常容易产生社交恐惧心理。虽然他们各方面的表现已经非常不错，但还是认为自己不够好，不允许自己有丝毫缺点。因为他们要么对自己要求过高，要么担心自己达不到他人的要求。他们不断反思自己的行为是否有过错。例如："我在刚才的发言中似乎太紧张了，有几个字的发音都不太准，貌似第三排有个人听出来了，不然他怎么皱了一下眉头呢！""一会儿向领导汇报工作的时候，一定要注意用词，不能像上次一样惹得领导不高兴。"他们会仔细回忆自己的每一个动作、每一句话，回想一下是不是有不得当的地方。同时还要回想一下他人的反应，通过他人的反应验证自己的猜测。一旦对方流露出负面的评价，他们就会陷入深深的自责。在几轮对自己的贬低之后，他们对自己的负面评价会进一步加强，开始下一轮的恶性循环。

如果一个人因为害怕"暴露自己的不完美"而回避人群，那么被群体排斥在外的人恰恰是自己。他们太习惯自己给自己找麻烦，非要在别人身上"发现"自己对自己的不满。

承认人性，但也不对社交有偏见

人的认识会影响人的情感和行为。因为对同一事物的看法不同，所以人的行为有千差万别的表现。有的人在社交中应对自如，有的人则瑟瑟发抖，还有的人表现为十分不屑。如果在社交开始之前就对社交抱有负面的看法，那自然不会热衷于社交活动。

有的人在社交开始之前，就对社交打上了一个大大的叉号。

有些人把人与人之间丑陋的关系看得过于透彻，他们可能在多年的生活中受到了伤害，因此决定"归隐"，不再参与那些或者觥筹交错、推杯换盏，或者表里不一、曲意逢迎的生活。有一部分人并不是因为受到伤害才看清社会的丑陋，而是被各种宣扬社会丑陋的信息"洗脑"而认为社会是黑暗的。比如，在学校的时候，老师总是说："你们要珍惜现在的友谊，社会上哪有真正的友谊存在？"比自己大一些的学长学姐们也经常告诉学弟学妹们："社会上的人真是复杂，还是学校里好啊！"听多了有关社会的负面信息，有些人在没有走向社会的时候就打退堂鼓了。

有些人认为人心难测。每个人都在发生变化，这样才能适合社会的需要。然而有些人发现自己曾经的好朋友变得自己都不认识了，已经不再是曾经那个与自己关系亲密的人，便认为人心真是深不可测，能够看得见一个人的外表，但永远不能猜透对方心里在想什么。持有这种想法会让人有厌世情绪，变得越来越悲观，越来越不合群。心里想着现在的某人不是我喜欢的某人，我们已经不是好朋友了，就会与他逐渐疏远。实际上，不管人心有多么难测，只要有想要了解对方的欲望，就一定有办法知道对方的内心世界。

　　有些人认为社交就是形式主义。每个人从小就被教导有礼貌。在现代生活中，保持礼貌是一种修养。礼貌礼仪有可能让本来简单的事情变得复杂。比如，有的公司的年会就是"讲话＋吃饭＋发奖金"三个环节，有些员工认为领导讲话就是浪费大家的时间，是讲废话，只要吃饭和发奖金就足够了。他没有明白讲话这种形式给员工带来的影响，比如可以激励员工的士气等。他认为领导的讲话只是一个形式，不能让自己有收获。有的时候为了能够与他人更好地交往，我们需要注意自己的衣着打扮、说话的语音语调。但这些在一些人眼中都是无用的，他们认为只要把话说清楚了，注意那些外在的东西有什么意义？如果这些形式上的东西能促进人与人之间的沟通，那么就应该保留。比如，良好的仪容仪表容易获得人的喜欢和尊敬。如果只是形式上的东西，没有实际内容，就可以放弃，比如，公司领导在年会上夸夸其谈，没有体现出对员工的关怀。但不管这些形式是否有用，过分排斥它们会让一个人显得格格不入，以致其他人越来越疏远他。

这些对社交的误解是经常出现的，实际上可能还有其他的误解。例如，"人走茶凉"的想法，"距离产生了，美没了"的想法，"社交就是吃饭喝酒"的想法，等等。不能容忍或者夸大社会中存在的丑陋现象，让人在想法上或者行事上更加偏激。这些想法让人对社交持消极的态度，甚至让人产生远离世俗的念头。

为自己的信心打气，成为更好的自己

很多人都会无意识地看低自己，这可能源自不正确的比较。得出自己不如别人的结论，未必是以事实为参考标准。以己之短比人之长，是一种毫无意义的以偏概全。如果总是用这种方式进行比较，那么自卑感只会越来越强烈。

比较的标准应该是事实依据，而不是使用别人的标准。有成就的人往往容易成为大家比较的对象，如果你把自己和收入最高的同学做比较，就很容易认为自己混得太差了。这种以别人为基本参照进行的对比，未必是有意义的，它只能让人感觉自己处处都落了下风，从而心情低落。如果你经常拿自己和别人进行这些"不公平"的对比，你就很容易萌生逃避的想法。当人们谈论自己不擅长的领域时，你就选择回避，免得被大家认定为最差的，那样会感到丢面子；当需要在公共场合发言的时候，你就会感到自己不行，觉得自己一定会搞砸了，所以尽量让自己不说话；当面对与许多人竞争的时候，你首先就把自己摆在了失败的位置上，哪还有什么心思奋力一搏呢？

人们通过不恰当的对比发现一些"短处"，由这些"短处"产生的自卑感可以用改变对比标准的方法来克服。如果自身真的有短处，那么这些短处不可能因为改变对比方法而消失，只能通过转移注意力的方法让它们不被关注。比如，有的人天生长得就不好，很多人嘲笑他，这个时候他就会感到自卑。长相是人们所不能改变的，但可以改变自己的学识、气质、道德修养。当他用渊博的知识征服很多人的时候，长相丑陋就不会被认为是一件见不得人的事情了。合理对比和转移弥补能够从心理上改变对自己低下的认识。克服自卑不只是从心理上迈过那道不自信的坎儿，也需要从一些实际行动中建立起自信心。比如，自卑的人总是想逃避众人的目光，让自己坐在不显眼的位置上。如果有这种想法，那么就强迫自己坐在靠前的位置，让自己接受别人的注视。和人对话的时候，不要逃避目光对视，反而要正视别人。走路的时候不要表现出胆小的样子来，不一定要看起来多么有气势，但至少要挺胸抬头，不要让自己畏畏缩缩。每当感到局促不安的时候，都要告诉自己："我要对自己抱有希望。"经常给自己一些正面的提示，时刻激励自己做一个自信的人，长久以往，心里的负面想法就会不知不觉地消失。

别对自己的小失误念念不忘

生活中我们难免会出现一些小失误，但问题是你到底认为这个小失误是一件普通的小事，还是一段非常痛苦的记忆？

初入职场的新人和在职场历练过的老人乘坐电梯时会有不同的反应：职场新人进入电梯以后，非常害怕沉闷的气氛，于是想尽办法找话说；职场老人则完全相反，简单地打个招呼以后，继续玩手机、听音乐、看报纸、接电话，完全不认为自己不加入聊天会让人感觉非常过分。很多人对寒暄感到头疼，突然的冷场也会让他们感到坐立不安。这是因为他们太过在意了。那些职场老人向来不认为自己不加入聊天有什么过错，不认为自己的行为有多么不合群，而职场新人则害怕被别人贴上"不礼貌""不合群""不热情""另类"的标签。社交恐惧者就属于那些过分在意自己留给他人印象的一类人。他们虽然不擅长与人交流，却又把人与人之间的交流看得非常重要，这就导致了他们无法容忍冷场。

如果你总是在生活中对每一个细节保持警惕，一会儿看看自己的衣着是不是有问题，一会儿想想自己是不是说了令人发笑的话，或者怀疑自己是不是做了画蛇添足的事，把平常人认为再正常不过的事判定为"丑事"，那么你会更容易懊恼。

有意制造尴尬，变被动为主动

想要摆脱社交恐惧，我们可以尝试以下的方法。

方法一：发表与别人不一致的意见。在与人讨论那些不太重要的话题时，如果不赞同某种观点，就大胆地讲出来。比如，谈及明星、电影、运动员的话题，不一定非要迎合他人的喜好。发表不同意见的时候，不要贬低对方，只是练习把自己想说的话说出来，克服因为意见不一致而与人产生不愉快的恐惧。

方法二：练习与陌生人说话，并且练习忍受沉默。在等车、排队的时候，试着与不认识的人攀谈两句，在一两个小时以内尽量多找一些人说话，这样能让自己感受与不太熟悉的人交往的一般模式。然后回到日常的生活环境中，在与一些认识但不太熟悉的人说话时，想一想自己在与陌生人交流时并没有感到不舒服，所以不要太在意冷场。要认识到与并非特别亲密的人交流和与陌生人交流有共同之处，不一定时时刻刻都处于讲话状态，没有话题可讨论的时候，保持沉默是非常正常的。

方法三：在不重要的环节试着出错。在聚会时主动承担调节气氛的角色能帮你克服对出丑的恐惧，在别人都讨论你说错话的时候，感受因为自己的不足而被人关注的气氛，从而让自己知道，其实出丑没什么大不了的，大家笑一笑就结束了。

以上提到的方法，可以锻炼我们应对尴尬场面的承受能力。当你尝试"制造尴尬"时就会发现：一切不过如此，没什么可怕的。

珍惜与人说话的机会

珍惜每一个与人交往的机会，让克服社交恐惧成为一种习惯，可以尝试以下的做法。

方法一：上班的时候与自己不太熟悉的同事打个招呼。很多交情都是从点头开始的，在几次打招呼以后大家就会熟悉，甚至有可能发展成为朋友。

方法二：如果有当众发言的机会，就尽情发挥。这样做不是为了让听众记住，而是为了克服怯场和羞怯感，找回自信心。

方法三：周一上班的时候，问问同事们周末是不是过得愉快。人们在社交的时候很有可能遇到冷场的局面，这些无关痛痒的话题能够缓和一点尴尬的气氛。"冷场"是一个"名正言顺"的与人交流、练习说话的机会，自然要利用。

方法四：接受别人问候的时候不要只是点头了事，最好说几句话。想象一下这个场景：中午十二点下班了，你们都去吃饭了，在餐厅用餐的时候有人礼貌地对你说："你也到××餐厅用餐了。"你坐在椅子上点点头，一句话也没有说，继续吃盘中的食物。也许当时忙于吃饭的你并没有想说的，但你的同事自然会想："×× 是个骄傲的人，别人打招呼的时候都不理人。"实际上与人打个招呼用不了两分钟的时间，为什么你不和同事说两句话？

方法五：当两人与都认识的人相遇的时候，要时不时地插上几句话。如果那两个人在寒暄，而你一个人闭口不言，会不会感到存在感特别低？说话不是为了打断别人的思路，而是锻炼自己在众人面前说话的能力。不要让自己像一个"跟

屁虫"那样傻乎乎地与他们站在一起，这样只会让你感到你
被他们两个排斥了。

　　方法六：如果能够顺手帮助他人，就帮助他人。比如，
帮一个抱着一堆文件的人按电梯楼层，帮一个陌生人指路，
帮办公室的同事打扫卫生或者泡咖啡。这些简单的互动可能
不需要太多的语言交流，但有一个作用：让自己感到自己是
被人需要的，是存在于一个集体中的，而不是一个人孤单地
生活。同理，如果有需要他人帮助的时候，你也要大胆地提
出来。比如，提重物、搬家、修电脑。不过，请人帮忙不是
在自己能够完成的情况下麻烦别人，让人感到做作，而是在
自己需要很费力才能完成，或者根本不能完成的情况下请求
支援。

　　方法七：试着寒暄。有的时候，人们认为寒暄就是在没
话找话。比如，和同事同乘一部电梯的时候讨论天气，在公
司签到时对前台说你今天穿得非常得体，路过邻居家门前的
时候夸邻居家的花长得真好或者孩子非常聪明，和售货员聊

天说某种商品非常实用而且价格合理……这些闲聊看似是无意义的，但能让人感到自己并没有独立于社交网络之外而存在。想一想，一个人过着每天坐在办公室里工作，上班期间不需要和人打交道，或者只在 QQ 上交流，下班以后除了买菜就没有说话机会的生活，如果还不抓住机会和遇到的人攀谈，就会感到自己的社会性越来越弱，甚至有与社会脱节的感觉，社交能力必然因为说话的机会太少而下降。所以，如果有和人攀谈的机会，一定不要放过。不期望这些闲聊能给生活带来多少改变，但闲聊能让我们感觉自己正在过着社会生活。

总之，我们应该抓住能够开口讲话的一切机会。这样做的好处有：一是有助于我们改掉开口难的毛病；二是让我们认识到每个人都生活在社会环境中，没有脱离环境而生活的人；三是这些非正式的交流可能是正式交友的基础，也是扩大交际圈的需要。

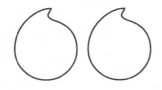

为什么你
总是感觉
自己不够好

真的有那么多人盯着你吗

你身边是否有过类似的故事?

杰斯从来不敢看他人的眼睛,看他人的眼睛让他感到非常不自然,焦虑的感觉会随着对视时间的增加而越来越强烈,哪怕是熟人也是如此。他深受对视恐惧的影响,所以为了避免与人对视,他想到了很多"行之有效"的方法,主要包括:

1. 戴上深颜色的墨镜;

2. 将帽檐压低一些;

3. 把刘海儿留得长一点;

4. 如果实在没有遮蔽物,那就看别人眼睛旁边的物体,比如，窗帘、眼镜框；

　　5.尽量避免面对面交谈。

　　在刚开始他对自己的这些小发明扬扬得意，认为这样做了以后他再也不害怕看别人的眼睛了。他感觉自己的眼睛不能被人看见，自己被帽子"保护"了，焦虑的感觉减轻了。后来，杰斯发现大家总是盯着隐藏在帽子下面的他看，这和眼神对视似乎没什么本质区别，此时他又感到焦躁不安了，因而杰斯感到自己对目光的恐惧不减反增。为此，他决定再找一个可以不用看人目光的方法，不过他新找到的方法再次在成功不久后失败。

　　一位刚毕业的学生进入职场后这样描述自己的状态：

　　经过千挑万选和几轮面试，进入这家企业让我很兴奋。但是我的兴奋没持续多久，很快我就感觉到工作氛围真是让我难以忍受。办公室人员来往很多，我总是感觉大家用异样的眼光看着我这个新人。有的时候我会将同事开玩笑的话当成他们在嘲讽我。不管别人说什么无心的话，我都感觉他们又在对我指指点点。当同事纠正我工作中的失误时，我就感觉他们似乎在嫌弃我笨，他们心里一定想着："这个新来的真是没用，这点事儿都做不好。"我曾经试着不去在意他人的想法，但每当进入办公室，我就止不住地想别人怎么看我。这种工作状态让我感觉身心疲惫，不但要想着工作中的事情，还要想着怎样处理人际关系。我已经在考虑是不是应该换一个工作了。

过分关注别人对自己的看法，不断怀疑别人将注意力集中在自己身上的人是敏感而脆弱的。他们很容易在与人的交往中，将别人无意识的举动都理解成"是不是有人在看我笑话？"

这种对"我是大家关注的焦点"的担忧，会给人的发展带来很多不利的影响。因为担心有人以怎样的想法看自己，所以在众目睽睽之下会表现得更加紧张，身体上有发抖、出汗的表现，还伴随着脸红、口吃等。当一个在社交中经常感到恐惧的人在参加工作面试的时候，在演讲或者作报告的时候，被人关注让他感觉非常不自在，很容易让他发挥失常。所以，一些有着表演天赋的音乐家，因为害怕他人关注自己而不得不退居二线，去当音乐教师。

即使是不需要众人关注的情况，社交恐惧者也总是怀疑有人正在看着自己。在众人随意聊天的时候，总是怀疑自己是闲聊话题中的主人公，会感觉他们在指桑骂槐，借着闲聊这种方式诋毁自己。比如，一名学生上课迟到了，坐在了教室最后一排的位置上，他前排的两名同学正好有话要说，他就会感觉这两个人在讨论他迟到这件事。这时候，正在讲课的老师看了那两名同学一眼，示意他们不要在课堂上讲话。此时，这名迟到的学生又会感觉到：老师对我不满了，他刚刚看了我一眼，是在批评我不应该上课迟到。实际上，老师可能并不知道迟到的学生是不是选修了这门课，只把他当作旁听生而已。这名迟到的学生还可能继续下一轮的思考：老师记住迟到的我了，我的课堂表现成绩一定不会高了，如果我非常不幸运，是不是有可能要重修这门课呢？

种种以自我为中心的想法，让人的思想负担非常重。因为担心别人能记住自己的每一个行为举止，所以就要考虑怎样做才能让别人满意，至少不让别人产生不好的想法。每说一句话，每做一件事，都要经过几番思想斗争，以确保别人满意。

实际上，在一些社交中，并没有真正的焦点。在一场宴会中，宴会的主人或者主持者可能会受到人们的关注；在生日聚会上，人们可能对寿星的关注多一些。在很多情况下，每个人在社交中都在忙自己的事情，包括：与老朋友聊一聊家常；结交新朋友；与客户寒暄或者谈判；向朋友们介绍这座城市有什么好去处；在一群人中聊一聊最近发生的事情，增进了解或者促进感情……人们并不总是关注周围是不是有奇怪的人，没有什么人因为有一些特别吸引人的地方而备受关注。如果有一个身穿奇装异服、动作怪异又搞笑的人从众人面前走过，虽然人们看见这个人的穿着打扮非常可笑，但也只是看了看，不会一直指指点点或者谈论他这样做到底好不好，每个人都要继续忙自己的事。总是担心自己会不会给别人留下不好的印象，想着别人会怎样评价自己，似乎都是徒劳的，因为别人可能根本没有关注到你。

担心自己成为被关注的中心这种心理非常普遍，不管是在真的成为中心的场合中，还是在"假中心"的场合中，有社交恐惧的人都非常害怕自己不好的一面暴露在众人面前。实际上，这种担心完全是多余的，因为只有他自己认为他被大家关注了。

自我关注，过犹不及

　　过度的自我关注，其实会给我们带来很多麻烦。如果对自己的关注过度，那么用来思考其他问题的精力就非常有限。我们的心底有可能会有一个声音不自觉地在提醒我们"有人在看你，你要好好表现"，这会加重我们的焦虑，甚至让我们感到做什么都不对。自我关注是一种自保的表现，但是过度保护会导致自己与他人隔绝。在这种情况下，社交成为一种检验自我的手段，而不是一个交往的活动。

　　为了让社交发挥它本身的作用，我们应该想办法降低自我意识。我们可以尝试一下下面调节注意力的实验，发现关注自己与关注他人时的不同心态。

首先，选择一个与自己关系不太密切的场景。比如，等候公交车、排队买票、看电影等，在这些场景中，每个人只要做自己就好，基本不需要和他人互动，人与人之间基本上都不会互相关注。然后，我们可以开始练习关注自己，用几分钟思考一些和自身有关的问题。例如：我今天穿的衣服合不合身？是不是显得太胖了？我早上有没有吃饱？是不是看起来无精打采？排队的人都是怎样看我的？售票员是怎样看我的？5分钟以后做一个总结，试着回答这些问题：我竟然思考了这么多问题，是不是太无聊了？我总是认为有人看我，这种想法是不是错的？我到底错得有多严重？我是不是应该改变这种总是胡思乱想的毛病？我刚才有没有关注其他人的言谈举止、穿衣打扮？别人的这些细节，我知道的有多少？最后我们会发现，这些问题最后可以归纳为两点：一是我在关注自己的时候有什么感觉；二是我在关注自己的时候都注意到了什么。

其次，我们尝试将注意力集中在他人身上，问问自己平时会不会有意识地关注别人的穿衣打扮、言谈举止。再从自己的感觉和关注内容两方面进行总结。

　　最后，对比一下自己对自己的关注和对别人的关注有何不同。

　　这个实验的目的是通过了解自己是不是有注意他人的习惯，反推别人是不是有注意自己的习惯。人与人之间有很多的共性，既然自己并没有注意别人的习惯，同理，别人也不可能总是注意自己。有的人之所以总感觉自己被人注视着，那是因为自己对自己的关注过多，而不是他人对自己的关注过多。所有的担忧都是自己想象出来的，别人并没有这样想。

　　减少对自我的关注的目的是让人不要总是想着自身的感受，而是将精力放在处理周围的事物上。首先是让自己不要去想曾经不愉快的经历。有的人可能有过在大家面前跌倒的经历，这让他感到很尴尬，所以在他以后的社交活动中就会注意自己的鞋是不是耐滑，关注别人是不是嘲笑他曾经跌倒的经历，每次发现"嘲讽"的信号，他都想立刻消失。如果有过类似的想法，那么就强迫自己不要想那些不愉快的经历。不要让自己时刻注意着"危险"，让悲观的想法暂时退出大脑。

当众脸红，是可耻的事情吗

　　每个人在公共场合讲话或者与重要的人物对话时都可能
脸红。这是因为人在紧张的环境下，身体的交感神经比较兴
奋，儿茶酚胺类物质的分泌会增加，进而使心跳加快，毛细
血管扩张，因此脸红的状况就出现了。随着人们一点点进入
谈话状态，脸上的红晕就会逐渐消失。脸红很正常，但如果
过于在意这件事，情况就不一样了：大脑中控制情绪的区域
将一直处于兴奋状态，只要让人脸红的刺激出现，包括进入
陌生的环境、他人的评论等，人们就会感到紧张，红晕不但
不会自行消失，反而会越来越严重。担忧脸红有可能会因此
转变成一种心理障碍。

害怕脸红的人会时时刻刻惦记着"我是不是又脸红了"，所以他们经常想办法掩饰脸红。有的人可能会为了挡住发红的脖子选择穿上高领的衣服，即使天气很热也是如此。有的人可能会选择在室内坐到一个灯光很强或者没人注意的角落。他们也很想改掉这个坏习惯，却心有余而力不足。一遇到陌生人，血液就向脸上涌。有的时候脸红是没有原因的，即使看到别人一个眼神或者现场中沉默了一秒都可能脸红。

容易脸红常常让人感到不自信，进而会贬低自己。担心自己的窘境被别人看到会让他们无法专注于与人交流，在说话时显得僵硬。一个人越是试图控制自己的脸红症状，越容易陷入新一轮的焦躁中。

脸红是一件正常的事情，并不会产生什么不良后果。在与人交往的时候，我们应该将注意力集中在谈话内容上，而不是特意关注自己的表现，或者关注别人怎么看自己。不要过度关注自己的弱项，多做一些激励自己的心理暗示。不要总想着自己容易紧张，自己容易脸红，否则不利于自己摆脱这种负面的感受。

我们可以通过想象特定情形来进行练习。首先将可能引起自己脸红的情境，按照引起脸红的难易程度从小到大列出来。然后从第一个情境开始想象，比如，一大群人盯着我看，走也不是，留也不是，想说话但又不知道说什么，隐隐约约感到有人对我指指点点，不知道他们暗中说我什么坏话。想象的场景一定要逼真，这样才有效果。随着想象越来越真实，人的情绪就会一点点被调动起来，于是你很容易就真的脸红了。那么接下来，你可以试着通过深呼吸放松，当你完全放松下来以后，你可以继续想象刚才的场景，直至心中的不安完全退去。当第一个令人脸红的情境被克服以后，再开始进行第二个情境的练习，直至将所有引起脸红的情境都克服。

想象中的场景和现实的场景是有差别的，所以当想象中的恐惧被克服以后，就要在真实的人际交往中检验练习的成果了。多参加一些群体活动，让自己与别人的眼睛对视，有意识地忽略自己的感受，同时控制有关脸红的想法，强迫自

己将注意力集中在谈话内容上；和那些能够让人感到心情愉

快的人聊天，这样就可以减少对自己情绪的过度关注。

不要因为害羞把自己藏起来

一名餐厅服务员曾经这样描述过她的一段退缩的经历：

那天早上我从菜市场买菜回来，远远地看见餐厅经理向我走过来。餐厅经理人长得非常帅气，不过我每次看到他都不敢和他说话，尽量地躲起来。这一次也是如此。我看到附近有一家商店，想也没想就直接进去了。但是人算不如天算，我还是没躲过去，餐厅经理已经过来和我打招呼了，还问了我一句："你怎么来这里了？"我心里有些不解。我进来的时候没仔细看这家商店是卖什么的，现在一看吓了一跳，原来是一家成人情趣用品商店。场面顿时变得非常尴尬，我只好说："走错门了。"然后我迅速找到一家还算正常的商店，买了我根本不需要的东西后就出来了。从那以后，餐厅经理每次看到我都暧昧地一笑，这让我更加肯定了想办法躲着他的想法。

逃避可以给人带来精神上一时的安慰，感觉自己已经将问题解决了，终于可以松一口气了。但根本性的问题无法通过回避的方式来解决，退缩只能让羞怯心理越来越严重，每一次退缩都加重了这种羞怯感。

我们不妨在与人交往中，想象自己只是以某一种角色在表演，想象自己需要大大方方地扮演好这种角色，抵制想要退缩的想法。心理学家詹帕多将自我划分为"真实自我"与"角色自我"两部分。人们扮演"角色自我"的时候，需要具备大方、果断的品质，这可以让人们尽可能地克服羞怯感。有一些人可能本身是害羞、不爱讲话的人，但是当他们试图扮演某种角色时，他们就会立刻变得侃侃而谈、潇洒自如。将自己想象成一个善于言谈的人，暂时不要顾及害羞的事实，不要顾及"真实自我"是什么样的。练习以这种姿态与人交谈，久而久之，就会适应自己所扮演的"能说会道"的角色，羞怯感就可以被克服了。

有的羞怯感是显性的。例如，千方百计地想躲起来，不敢开口说话，这些都是比较消极的表现。有的羞怯感是隐性的，即不主动退缩，但也不主动出击，只有别人主动找上门来的时候才说话，否则就当自己是个隐形人。隐性的羞怯感也需要克服。有的人可能是那种害羞而健谈的人，在与人交往中很少主动打招呼，如果有人率先发起对话，那么他们的交谈可能非常顺利，他在交谈中精彩的表现给人留下深刻的印象。如果没有人率先发起对话，那么他就会一直等着别人挑起话题。对于这种人来说，主动开始一段聊天是一件非常艰难的事情。这种不积极的交谈态度也属于羞怯的一种，只是没有明显地表现出来而已。克服这种羞怯的一种，需要发挥主动性。正如一只小鹰站在悬崖边上学习飞翔时不敢往下跳一样，它需要一个推力将它推下去，这样它就可以展开翅膀飞翔。克服羞怯感也是如此，需要一个推力促使人走出第一步。但与小鹰不同的是，这种推力应该来自自己，而不是外界。如果不敢主动地与人谈话，就逼迫自己主动讲话。在宴会上，主动向他人介绍自己；在听讲座时，主动举手提问。在与人交往中，一定要提醒自己主动结交他人，不要总等着别人过来与自己打招呼。

怯场，是因为你把人际关系看成敌对关系

　　大部分人都有怯场的经历，这很正常。怯场的直接表现
是不自然，当人处在怯场状态时，心跳会加速，同时还有"不
知道应该说什么"的感觉。人在青少年时期比较关注自我，
很在乎他人对自己的评价，因此会担心自己表现得不够好，
在社交场合或者自己不熟悉的环境中就会表现出不自然。成
年人在一些特定场合也会有类似的表现，例如，演员、面试者、
运动员在上场之前都会感到怯场，但这种情绪会随着他们一
步步与所处的环境融合而减少或者消失。怯场激发了他们的
潜能。不熟悉的环境、内向的性格都可能导致人们怯场。

　　如果一个人进入交谈状态，怯场的情绪能逐渐减少或消

失，那么怯场并不能算是一件坏事，反而可以让他发挥得更好。如果怯场的情绪不能消退，反而越来越强烈，那么就有可能发展成社交恐惧。

怯场的原因是对自我和他人都产生了错误的认识。例如：对自己过低的评价；将谈话双方置于敌对的位置；认为发言绝不能出错，必须尽善尽美；想要掌控整个社交局面，害怕自己出错；害怕无法应对意外情况；等等。克服怯场情绪就要从改变这些错误的认识开始。

自卑心理是导致怯场的最直接原因，自卑的人总感觉自己不如别人，担心自己的能力差，在说话时害怕自己出错。如果这种担忧过重，就会超出人的心理承受能力，让人不能集中精力将自己想要说的话说出来。想要克服自卑心理，就要正视自己的缺点，不要将缺点当作与人交往的一种阻碍，不要对自己全盘否定。

怯场的人习惯于将人际关系看成敌对的关系，认为自己讲话的目的是说服对方，让对方无法反驳。因为他们认为对方的提问或者反驳的最终目的是让自己难堪，所以他们总是以咄咄逼人的姿态让人就范。例如，在部门年终的总结会议上，作报告的人的怯场表现是只顾自己说，不让听报告的人质疑，一定要将他们想要提问题的欲望扼杀。有的到岗不久的年轻老师在上课的时候也会怯场，他们害怕学生提问题，认为学生总想要提出回答不出来的问题。带着这样的心理负担与人交往，会让人感觉非常不自然。虽然现实中有一部分人以让别人出丑为乐，但这些人不能代表全部，大部分人提出问题是因为他们对某些问题不理解，想要得到更准确的答案，并没有抱着让人陷入窘迫状态的心态。与人交谈要允许对方质疑，这是对对方的尊重。如果害怕不能很好地回答对方的提问，那么在回答问题时可以顺带一句赞扬的话，例如："您问的这个问题很重要，我要将这个问题仔细解释一下……"这样做的目的是暗示自己，对方提问确实是因为他有疑问，而不是为了看自己的笑话。

做好充分的准备，有利于缓解怯场心理。至少准备充分可以让人在发言中不必担心"无话可说"。大致地预测一下谈话的内容、众人的反应和可能提出的问题，并做充足的准备。做了充分的准备后，人在发言时不会感觉压力太大，但不要想着为所有可能出现的问题做准备。一定要清除面面俱到的想法，允许自己有回答不出来的问题，允许自己有不知道的地方。如果真的有不知道如何作答的问题，可以用反问的方式救场。怀着全部掌握谈话内容的想法，会让人感觉压力非常大。在交际中需要对重要问题了如指掌，对于细枝末节的问题，不用花费大量的时间了解透彻。

要学习忽视自己的错误。即使是一个非常成功和专业的人士，也很难保证他在说话中不犯错误。有人常常担心自己在大庭广众之下说错话，或者说话时有怯场表现，但听众并不一定注意到这些问题。当一个人以比较自信的姿态出现在众人面前时，听众对这些微小的问题并不注意。想一下你对他人登台的看法。只要他没有出现非常明显的怯场情绪，你并不太关注他是不是声音发抖、浑身不自在，只是将他当作正常人看待。只有怯场情绪表现得非常明显，而且说话的内容也让听众不满意时，听众才会注意到他的不自然。刻意掩饰自己的怯场情绪，反而容易让听众抓到把柄。

摆脱怯场的情绪需要"同理心"。首先想一下你是以什么样的态度听他人说话的，是不是想让对方出丑？是不是对他人的错误耿耿于怀？是不是一定反对发言人的观点？大多数时候，你对他人的表现是非常宽容的，即使他人出现意外，你也不会抓住不放。同理，他人对自己也是这样。要学习那些说话时临危不乱的人所具备的品质，以及他们是怎样应对意外情况的。比如，有的老师在不能回答学生的问题时会想一会儿，并且坦诚地说出自己回答不了这个问题；有的人用转移注意力的方式掩饰自己的紧张。如果这些做法比较自然，那么都是可以学习的。

不管怎样调节自己的心态，都不如积累实际经验有效。如果有当众说话的机会，一定要珍惜，多多练习几次。一项调查显示，除非被强制要求，大约有三分之一的成年人没有在公共场合发言的经历。如果没有实战经验，克服怯场情绪的效果始终是不稳定的。等着别人邀请自己说话是非常被动的，应该尝试着主动与人沟通，不要逃避任何一个可以说话的机会。

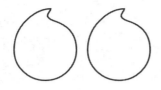

别被"他人即地狱"
这句话吓倒

不要草木皆兵

　　当一个人心存恐惧的时候，身体的感觉要比平时敏锐得多，这能让人及时地发现危险。对社交有恐惧的人也是如此，他们要比平常人更加擅长寻找危险的来源。不得不说，这是有积极意义的，只要不过度反应就好。

　　心理学家曾经对有社交恐惧心理的人在识别各种面孔方面的能力进行测试。心理学家将不同的面孔在大屏幕上快速地播放一遍，让正常人和社交恐惧症患者识别出其中有威胁性的面孔。那些患有社交恐惧症的人在识别有敌意的面孔方面有着常人所没有的天赋，能比正常人更快地识别出有敌意的面孔。这个测试说明，有社交恐惧倾向的人比较敏感，要比正常人更加善于发现危险。

一个对社交持有恐惧心理的人，来到一个宴会现场首先要做的是什么呢？答案是观察各种人的脸色，将参加宴会的人分成不同的种类，有善意的，有嘲讽的，有挑衅的，等等。当他将各种人进行了分类以后，他就要开始采取有针对性的对策了。找一个位置躲起来，盯紧这些人，如果发现哪些人有恶意，就离他们远一点，以免自己受到伤害。对于在社交中感到恐惧的人，会因为"浪费"脑力而变得非常疲惫。一方面，可疑的危险给自己带来了巨大的痛苦，自己想要百般躲避；另一方面，这些危险是不定时炸弹，说不定什么时候就造成实质性的伤害，所以还需要一刻都不能疏忽地紧盯着。经过一番心理斗争，最后发现，让自己远离恐惧的方法就是不再参加任何社交活动。

寻找可疑危险，是有社交恐惧的人在与人交往的全过程中都要做的事。因为如果一个人对社交有恐惧心理，那么他的内心一定紧张、缺乏安全感。这种心理状态让他在社交中总是怀有猜疑心理。因为对自己和他人都没有足够的了解，所以寻找可能给自己带来的危险是社交开始环节中的第一要务。在社交中，带有恐惧心理的人会不断思考以下问题：

这个人在笑，他为什么要笑？他是不是嘲笑我今天穿的衣服不得体？他是不是认为我在这些人中就是一个小丑？那个人为什么用异样的眼光看着我？是不是我闹出了什么洋相？我怎么感觉那个穿蓝色裙子的人在不怀好意地看着我？我没有得罪她吧？她不会来找我的麻烦吧？

如果社交的环境确实是一个危险多发的环境，那么能识别出恐惧可能是一种优势。但是我们的现实生活中并没有那么多危险需要识别。如果你先入为主地将某些人和事判定为危险来源，那么你很可能会越看越危险，认为周围场合危机四伏，草木皆兵。甚至你的过度想象会导致你身体不适。寻找危险和身体不适成为一种相互促进的恶性循环，在这种自我验证中，你的危机感会不断加深。

不敢说"不"只会导致痛苦

　　对很多人来说，开口说"不"是一件难以启齿的事。但如果你总是当着别人的面展现出乐于助人的样子，背地里暗自叹气的话，那么与人交往只会让你觉得更加恐惧。

　　伊芙在一家施工单位上班，是行政部的一名文员。她已经在这家单位工作多年，但从来没有感觉到开心。在施工单位中，男同事比较多，他们每天在办公室里吞云吐雾，让伊芙觉得无法呼吸。可是她却不敢让这些人停止吸烟，她认为别人都是大领导，自己一个小文员的话有什么分量，只有默默承受着。同事们都知道伊芙从不说"不"，所以总是让伊芙帮忙做事，他们将自己的工作分给伊芙，口上说拜托帮忙，实际上是想自己偷个懒。伊芙不会拒绝，所以只能加班加点将工作做完。每天中午到了吃午饭的时间，同事们总是让她从食堂将饭菜带回来。伊芙每次都抱着一大摞盒饭回办公室，其他部门的人还以为她是卖盒饭的。伊芙觉得有个同事简直欺人太甚，他总是找理由向她借钱，每次数量都不多，伊芙不好意思说不借，只能无奈地将钱从钱包里取出来。事后，这个人吃准了伊芙不会开口让他还钱，从来不提还钱的事。为了与同事们搞好关系，伊芙只能把眼泪往肚子里咽，虽然知道同事们在利用她，但她不敢反抗，只能任凭同事们欺负她。伊芙已经在这家公司工作五年了，但是还拿着新员工级别的工资，她有几次想要提出加薪，但走到了领导办公室门前却又不敢敲门，就是敲门进去后也不敢将自己的想法表达出来。她觉得领导不可能不知道她的想法，只是领导喜欢既肯干又拿低工资的员工。她认为领导一定知道她不敢提出加薪，所以从来没有和她谈过这件事。伊芙想要换个工作，但不敢和领导提出辞职。

不敢说"不"让人将自己的真实想法隐藏起来，在与人的交往中处于被动的局面，既不让别人知道自己的想法，无法有效地沟通，又让自己内心压抑，长时间处于这样的状态，甚至会患上精神疾病。

很多人之所以存在不会拒绝别人的心理障碍，主要是害怕别人在听到"不"后有不喜欢的反应。如果将自己不喜欢的想法表达出来，他们害怕失去两个人之间的友谊。无奈之下，只得自己放弃原则，维持两个人之间的关系。但这样做又感到不甘心，这样就形成了一种病态的交往模式。伊芙的不敢说"不"不是针对一个人，而是面向所有人。伊芙害怕同事们孤立自己，这会让她在公司失去关系圈，如果大家都不理她，她会感觉到自己是个局外人。伊芙从心理上是希望和同事们友好相处的，但是她害怕如果自己拒绝了同事们的要求，那么这种"友好"的关系就不能维持下去。

有的人不敢说"不"是怕对自己造成损害。上文中的伊芙不敢制止同事们吸烟，是因为自己的级别低，她害怕失去这份工作。在职场中，伊芙只是个小职员，她的力量绝对无法对抗那些管理部门的领导，她深知得罪了领导对自己没有一点好处。既然已经知道自己说了"不"也不一定有什么效果，还可能对自己有不好的影响，倒不如闭口不言，让别人感觉自己是一个合群的人。让领导们厌烦自己，只会给自己的职业生涯增加一块绊脚石。

当伊芙的同事向她借钱的时候，伊芙产生了非常矛盾的心理，一方面不想借钱给同事，尤其是像吸血鬼一样的同事；另一方面害怕如果自己不借，会产生什么不好的结果。比如，被同事认为没有爱心、自私，被认为是个冷血的人。伊芙担心如果同事冒出一句："你这个人怎么这么不爽快，只是向你借一点小钱而已，又不是很多，竟然这么费劲！真是难以相处！"如果这样，伊芙一定感觉到自己被贴上了"坏人""见死不救""狭隘""没有良心"这样的标签。

不敢说"不"的原因，大多是害怕与他人因为一个"不"字陷入僵局，不过也有个人方面的原因——认为说"不"违背了自己的良知。这是对自己要求太高的表现，总是认为说"不"是一件坏事，这会使得自己非常内疚。

　　凡事都说"好"，不敢说"不"，从表面上看是为了维持良好的人际关系，但这种和谐的人际关系只是表象。对于那些没能将"不"说出来的人，他们感觉自己用心良苦，不过这些良苦的用心未必有好报。做一个老好人只能让自己感觉特别累，有付出没有回报，还要忍受心理压抑的痛苦；在他人眼中，老好人可能是一个好朋友，但却是一个没有原则的朋友。

告诉自己：我有权利说"不"

　　不敢说"不"的人总是将他人摆在自己的前面，这样很容易丧失自我。不管是面对陌生人还是熟人，说"不"是表明自己有不赞同的权利，任何人都没有义务毫无条件地成为他人的附属品。不要担心自己在拒绝了别人以后会失去他人的喜欢。提出要求的人与拒绝要求的人都有自己的想法，可以试着用换位思考的方式体会这两种人的想法。每个人在交往中都应该保持自己的独立地位，任何人都没有义务一味地付出，也没有权利要求他人满足自己的所有要求。如果实在不想答应别人的要求，就一定要将自己的想法表达出来，因为这是你的权利。

　　相信真正的朋友不会"绑架"自己。不敢说"不"的人总是担心拒绝会让自己失去朋友，为了让友谊长存，做出了自我牺牲的艰难决定。不敢说"不"的人认为：如果我拒绝了朋友，朋友一定会认为我是自私的人，否则怎么这样不讲义气？如果一个人带着这样的想法与人交往，那么他的行为就属于"情感绑架"，他一定不是真正的朋友。越是亲近的两个人，就越应该坦诚，双方之间一定会互相体谅，懂得为对方着想，绝不会认为被拒绝会影响两人之间的感情。自己不能帮忙时，需要对方谅解自己的难处。实际上，用委曲求全的方式维系的人际关系一定是不平等的。要知道，真正的友谊不会强人所难，真正的朋友绝不会认为他的所有要求都应该被接受。

　　量力而行之后再做回复。如果说"不"是一件很难为情的事，那么在答应对方的要求之前想一想自己是否能做到。如果没有做好别人委托的事情，甚至还办砸了，就不会丢面子了吗？就不会得罪人了吗？练习从"为了不给别人惹麻烦，我应该说'不'"的角度思考问题，就会发现说"不"有时候是一种负责任的行为。

以下的方法可以帮我们练习说"不"。首先，找一些"同病相怜"的人组成一组，第一个人向第二个人提出一个要求，第二个人坚决地说"不"。接下来，第一个人向第三个人提出要求，再遭拒绝，然后第四个，直至对所有的人都提出一次要求，被每一个人都拒绝一次。每提一次要求就被拒绝一次，可能让人无法接受，但经过几十次的练习，这种不适感就有可能减轻或者消失。

任何事情只要超出了一定的界限都会变质。说"不"也是如此。如果拒绝不彻底，使用"我尽量""我试试""我不敢肯定"这样的话，就给了对方希望，让对方误解为已经答应他了。万一没有做到或者没有做好对方要求的事，还可能惹出麻烦来。如果使用"绝不可能""肯定不行"这样的词，又显得过于生硬，让人面子上过不去，从而伤害两人之间的感情。最恰当的做法是带着委婉的语气将自己的拒绝明确地表达出来，不要做任何掩饰，但可以做适当的修饰。

在三国时期，有一个非常有才能的人叫华歆，是孙权的下属。他的才名远播，被曹操知道了，于是曹操让皇帝下旨，请华歆面圣。皇帝下旨请他面圣是一种莫大的荣耀，华歆不得不去。亲友们带着礼品前来祝贺。华歆知道这些礼品不应该收下，但又不能不顾面子地说"我不能要"，只好让仆人将礼品登记在册，记录好每一份礼品是哪位友人送的。在他即将出发的时候，他举办了一次宴席。在宴席上，华歆将自己的意思表达清楚："大家赠送了这么多贵重的礼物，实在让我过意不去。大家的好意我心领了，至于礼物，还请各位都带回去。大家很清楚，我这一走要很长时间才能到达，路上带着这些礼品实在不方便，如果遇到强盗山贼，这些礼物必然要被抢走。我不能保管好各位的礼物，岂不是对不起大家的心意？所以，最好的处理办法就是请各位将自己的礼物带回去。各位的美意，我心里铭记便是了。"华歆已经将话说得十分明白了，朋友们便把自己的礼物都拿回去了。

　　华歆拒绝礼物的说辞非常巧妙：一是表达出了对朋友们的感激；二是让朋友们心甘情愿地收回自己的礼物；三是华歆绝不可能因为这件事而得罪朋友，和朋友们的友情不会因为拒绝礼物而受到影响；四是这种说辞对于华歆自己也是可以接受的，他不会感觉自己的良心上过意不去。从这件事可以学习到，如果掌握了一种巧妙说"不"的方式，可以让人在拒绝的时候没有太大的心理压力，说"不"的恐惧自然会消失。

　　总而言之，不敢说"不"可能是因为害怕提出要求的一方不高兴，拒绝的人在心理上也难以接受一个"不够善良"的自己。如果将这两种担忧都消除了，就不会有过重的心理负担，将"不"说出口就水到渠成了。

被批评又能怎样

很少有人在被批评后会感到高兴,大多数人还是对自己被否定感到失落。掩饰缺点是一种讳疾忌医的行为,不正视自身的问题迟早会害了自己。而批评他人的人则害怕自己说错了话。人们习惯性地将批评理解为不太好的事情,只要与批评挨上边的事情,都让人感到不舒服。

怕被人批评,一是害怕没面子。这是一种过分要求自尊的表现,总认为在众人面前被指出毛病是一件非常尴尬的事情。二是人们已经习惯了被奉承的生活。大家都知道表扬是最容易被人接受的,往往忽略批评也能让人进步。在一个网站上有这样一个投票问题:你对本网站改版后的效果有什么看法？下面有四个选项可以选择，分别是："内容丰富具体""内容十分实用""网站内容分类清晰，容易查询信息""网站动画效果非常好"。这四个选项分明是求表扬，而不是征求意见。类似的现象在很多网站都有，有些调查问卷问题的选项设置也与此非常类似，有三个备选项，它们分别是："比较满意（8分）""满意（9分）""非常满意（10分）"。这种做法完全堵死了人们说"不满意"的可能。这些网站或者问卷调查的设计者可能是虚荣心非常强的人，也可能出于某种功利的需要，他们绝对不容许反对意见的存在。

怕批评别人可能有这几种担忧。一是害怕他人在背后使绊子，尤其是下级批评上级。二是害怕失去他人的支持，主要存在于同级之间。指出别人的不好，会让别人感到不自在，害怕别人当面不敢翻脸，但却默默地将自己排除在朋友圈之外。三是害怕伤了朋友之间的和气。在没有批评的情况下，彼此都感到相处得非常愉快，如果这个时候有人说出让人不高兴的话，无疑是在给燃烧的火焰浇了一盆冷水，场面顿时会变得非常尴尬。

害怕批评本来并不过分，想要听到他人的赞美是人之常情。但如果对批评他人和被人批评的恐惧程度非常高，那就是一种心理障碍了。这样的人在与人交往时生怕自己一句话说得不对惹怒了别人，对别人所说的话也非常敏感。他们可能会在脑海里不断思考这些问题："怎么大家都看我不顺眼？""我又惹到谁了吗？""为什么他们总是针对我？"这种心态非常不利于他们参加社交活动。

从听到批评的人的角度来说，不要将批评与个人能力、品质差画等号。如果我们出色地完成他人交代的事情，别人会说一句："太棒了！你做得真不错！非常感谢你！"这个时候一般人都习惯性地将"太棒了""真不错"当成礼貌用语，没有将它们当作对自己能力的肯定，甚至认为完成这件事是应该的，并没有什么值得夸赞的地方。如果没有做好别人交代的事，他们有可能说："你怎么这点事都做不好！真是没用！"人们对"没用"的重视程度要比对"太棒了"的重视程度高，不但认为完不成任务的可能性是不存在的，而且认为没有做好工作就是个人能力有问题，甚至认为自己不只是这件事做不好，其他的事情也做不好。将出色的表现当作理所当然，将一次失误扩大到所有的事情都做不好，这样对比之下，就发现这种思路对自己是不公平的。我们要试着改变这种想法，将优秀的表现当作应该的，这样做没问题，可以激励我们继续努力，防止因为一次的成功而变得懈怠。将一次不成功夸张到所有的事都不成功就是不可取的了，我们的目的是从失败中吸取经验教训，争取下一次不犯同样的错误，不要因此否认自己的能力。即使自己能力不足，不能将这次的事情做好，也不能说明以后做不好其他事情。

批评他人同样是不能避免的。不能为了不得罪人、不伤和气，而将批评的话压在心底不说出来。不敢将批评的话说出口，可能是因为不懂得怎样礼貌而有效地批评人，所以掌握一些批评的技巧，有利于克服批评别人的恐惧。

想要批评他人的时候，先想一想自己到底想要表达什么，不要猜测听话人的主观感受。总是想着对方可能不高兴，就永远不能把批评的话说出来。在表达自己观点的时候不要义愤填膺，不要以一副说教者的形象将对方批判得体无完肤，要用心平气和的态度说出来，这样对方才容易接受。例如，邻居家的噪声非常大，已经影响到了自己和家人休息，和邻居"谈判"的时候，不要劈头盖脸地一顿臭骂："你们家怎么回事！还让不让人休息了！真是没素质！"不管谁听了这种话都会感到不高兴的。比较得当的做法是平心静气地将自己的想法表达出来，情绪不能太过激动，更不能将与这件事无关的内容扯进来，比如"素质"问题。可以这样说："请你们声音小一点，邻居们已经休息了。"只要对方没有特别的恶意，听到这句话以后就会收敛一些的。

如果是上级批评下级，那么最好先说一段认可的话，然后再说出自己不满的地方。这样做可以让下级知道领导已经看到了他的成绩，知道领导看重下级，所以才将问题指出来。

别被他人的虚张声势吓倒

人们之所以感到恐惧，是因为发现了危险的事物。人面对危险的第一反应，就是寻求安全庇护。逃离和迎难而上都是寻求安全的方式。对于社交恐惧也是如此，不过这种"危险"未必是能够给人们造成实质性伤害的危险，可能是人们心里想象出来的危险。

社交恐惧者逃离的表现包括用头发遮住脸、避免与他人目光对视、害怕拒绝别人、不敢提出自己的想法、避免去人多的场合或者避免在人多的场合说话，甚至是封闭自我。他们之所以有这些表现，是因为对别人的评价比较敏感，或者对别人的行为进行了过度的延伸性思考。例如，将善意的打招呼当作别人对他们的鄙视，将别人不经意的举动联想成自己被人嘲笑了。让自己不得不顺从也是一种逃离的方式。比如，几位同事相约下班以后去吃饭、唱歌，其中有一个人心里并不想和大家一起去，又不敢拒绝，因此只能委屈自己和同事们去了。在吃饭期间，这个人因为不想喝酒，不得不肩负起将所有人送回家的重任。回到家以后发现邻居又来借东西，而且是有借无还的那种"借"，被邻居几句话打动以后，再次将自家的东西"捐献"出去了。

"迎难而上"的社交恐惧常常被人忽视。如果看到一个非常有气势的人在咄咄逼人地讲话，给人以高不可攀的感觉，很难认为这样的人对社交有恐惧心理。因为他外表上的善谈和气场给人一种他非常强势、很自信的感觉。一般人都不会将这种看似非常善于社交的人与社交恐惧联系起来。实际上，有些社交恐惧者会用外在的强势来掩饰脆弱的内心。

为什么会出现这种表里不一的现象呢？可能有以下几个原因：一是即使他们讨厌社交，也不得不与人应酬。主要是那些职位较高的人，应酬是他们工作中非常重要的一部分，根本不能逃避，只能硬着头皮面对，外加他们本身身居要职，即使态度不好，别人也不敢表示出不满。长此以往，冷漠、强势成为他们示人的面具，这种形象已经在人们的心中定型了，没人会感到不正常，反而认为领导者就应该高高在上，否则领导者的威严何在？

二是心理压力让人呈现出外强中干的特点。人们的心理压力需要发泄，社交正是一个很好的渠道，将心中的压力像炮火一样发射出去，让这些人看起来具有攻击性。

三是这些人有"欺负弱小"的嫌疑。他们本身并不自信，为了掩饰这种不自信就要营造出一个虚假的、强大的自己，威胁别人是一种非常有用的办法。这种攻击性的行为让他们尝到了很多甜头：树立强大的形象让自己找回了"自信"；伪装的气势赶走了那些自己不想看见的人，如果有人想说话，也会畏于自己的"威严"而简洁明了地说话，让自己不想看见的人知难而退；那些更为弱小的人都慑服于自己的"强大"，表现得诚惶诚恐、老老实实。

　　比较有攻击性的社交恐惧者在常人眼中，都是健谈而善于交际的。他们看起来强势的外表欺骗了很多人。但随着交往时间越来越长，这些人很容易露馅。他们周围的人都会感受到"某某看起来能说会道、一副不饶人的样子，实际上没什么可让人害怕的"。例如，有的人总是向他人提出无理的要求，在最开始的时候，别人迫于他们的强势可能答应了，但后来就会发现如果对这种无理的人蛮横一些，他们就原形毕露了。这些看似强势的人，内心却是孤独空虚的。他们渴望与人在一起，但由于自信心不足，只能用虚张声势的方式赢得尊重与地位。不过，他们在私下里仍然是自卑寂寞的。

　　有的社交恐惧者偏向于逃避和忍让，有的偏向于虚张声势，有的则是在二者之间游走。当一个人处于弱势地位的时候，他便想到"我不应该怕，我应该变强"，于是他放弃了逃避和隐忍，想办法让自己成为一个善于交际的人，至少在表面上如此。所以，他试图让自己表现得冷漠一些，或者让

自己看起来威严一些，这就走向了另一个极端。但是当他的
攻击性爆发完以后，他可能就又回到了弱势的地位。这种摇
摆不定反映出他的一个心理特点：渴望与人交流，但又害怕
与人交往。所以，他时而远离群体，时而成了群体中的骨干
力量。他给人的感觉在不断变化，但没有变化的是不自信和
缺乏安全感的内心。

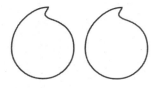

生活中的
"紧急时刻"

学会享受面试的乐趣

很多人都害怕面试，因为这意味着要将自己置于被陌生人评价的位置。对面试感到紧张很正常，但如果过分担忧就会导致你在面试中发挥失常。

有位求职者这样描述他在面试期间的感受：

我所应聘的这个岗位竞争非常激烈，当我进入面试等候间的时候，已经有十几个人在等着了。我看到别人一副信心满满的样子，心里就开始打退堂鼓了，觉得自己今天一定是走过场来了。我看到别的求职者无精打采地出来以后，感觉自己也一定没戏了，那么多优秀的人才都被淘汰了，我这个水平一般的人该怎么办。轮到我面试的时候，我太紧张了，话都说不全，心都提到嗓子眼儿了，全身的血液都流到脸上了，我的腿不受控制地开始发抖。至于考官问了我什么，我都没有听明白，只是凭自己的感觉乱说一气。我看到考官不赞赏的眼光时，额头上满是细密的汗珠。接下来的回答更是语无伦次……有了这次面试经历以后，我对找到一份好工作已经没有信心了，在以后的面试中经常出错，有的时候甚至连面试的时间都记不清……

　　缺乏与人交往的经验，让求职者在面试中不知所措。面试经验不足或者在公共场合说话的经验不足，都会让求职者对面试产生恐惧的心理。因此，积累与人交往的经验对于克服面试恐惧心理尤为重要。为了习惯于他人的注视，求职者应该创造在公共场合说话的机会。可以在公园里大声朗读文章，经过若干次练习以后，就能适应被人盯着看的感觉，在面对一群面试官的时候就不会再害怕了。在投递简历的时候应该广撒网，对于自己期望的工作应该打起精神准备面试，如果遇到不是自己期望又没有被录取的工作，就当作一次练习。每经过一次面试都应该及时做总结，从那些没有成功的面试中可以了解用人单位在招聘时的心理，而失败的经验也是认识和了解自己的材料，这些都能让求职者对自己和招聘方有更深入的了解，有助于求职者克服面试恐惧。在面试失败以后需要将自己的各种担忧记下来，理性地分析出原因，这有助于自己摆脱各种无关紧要的恐惧感。

求职者习惯于将面试官定位成"高高在上""目中无人""严肃""苛刻"的形象。这种想法对求职者非常不利，它使得求职者在面试中处于心理上的劣势地位，不敢和面试官对视，只能被动地回答问题。这种想法实际上在"丑化"考官。为了在面试中不在心理上处于被动地位，最好将考官想象得和蔼亲切一些，这样才能保持轻松的心情进行面试。求职者在"提升"考官形象的同时，也在贬低自我形象，潜意识地认为自己注定失败。这种缺乏自信的表现必然让求职者走上不自信的道路。不妨多想一想自己的优点，不要纠结于自己与这个岗位不匹配的地方。企业在挑选人才，求职者也在挑选企业，双方都在挑选，不存在谁比谁低一等的问题。要相信自己能为企业带来利益，企业并没有自己想象的那样可望而不可即。求职者要相信在求职中自己也有选择的权利，而不是等待着被人挑选，这样才能与企业平等对话。

当面试恐惧的情绪非常严重时，你可以采用"想象"的方法缓解紧张的情绪。首先，根据焦虑和痛苦的程度，将面试中感到恐惧的场景按照从低到高的顺序排列。例如，回答问题磕巴＜瑟瑟发抖＜答错问题＜考官发怒。然后开始想象恐惧程度最低的面试场景，例如，想象磕巴的场景，大脑一片空白，心里知道怎样说，但就是说不出，就像茶壶里煮饺子——有嘴倒不出，用了很长时间也没有把一句话说完整等。想象的场景越逼真越好，此时心里会感到焦虑，身体会感觉不舒服。你不妨暗示自己"不要慌""不害怕"，同时放松肌肉，并且深呼吸。接下来再次想象这个场景，直至紧张不安的情绪消失为止。在克服了对第一个场景的恐惧后，开始想象第二个场景，直至克服对所有场景的恐惧。

　　由于求职竞争越来越激烈，招聘企业选人的标准也随之越来越高。企业经常使用一些比较有难度的面试方式招聘人才，例如：无领导小组讨论、群面、压力面试等。那些能力一般或者不够自信的人很容易在面试初选中被淘汰，于是面试恐惧感因为这些难度较大的面试而产生。想要摆脱对这些高难度面试的恐惧心理，只能用多学习多积累的方法。当你的知识和经验非常丰富的时候，你自然能在面试中侃侃而谈，得心应手，不再害怕这些有难度的面试。

　　面试中的自我调节有利于舒缓紧张的情绪。例如，着装正式一些，说话的声音大一些，走路时有气势一些，都能让人感觉到自信。在开场时，与考官进行轻松的交谈，能够舒缓紧张的情绪，让面试场景不显得过于尴尬。此外，深呼吸、体育锻炼等方式也能有效消除不良情绪带来的负面影响。

就算失业也没什么大不了

就业关系到人的生存，人们一旦感到失业距离自己并不遥远时，身体上和心理上就会出现各种各样的不适应，甚至会做出十分不明智的事情。如果一个人将工作看得太重，失业还可能让他对自己价值的认识变得混乱，想不清楚"我有什么用"。

想要克服失业恐惧，一方面我们要学会调整心态，另一方面当然是要在现实生活中做好全面的准备。

如果发现公司有裁员的打算，那么就要思考被辞退的概率了。如果发现自己属于极有可能被裁掉的人员，那么就要做好失业的准备了。在思考自己是否适合现在的工作的同时，也要想一想是不是到了换工作的时候了。对失业的恐惧不能深藏在心底，应该告诉亲人朋友，一方面可以将压抑和不安的情绪宣泄出去，另一方面亲朋好友可能有比较好的工作机会。虽然工作是维持生存的手段，但为了不处于失业状态而随意地开始一份新的工作，也是一种对自己不负责任的行为。如果抱着害怕自己再也找不到工作的想法，当失业来临的时候，自己可能就真的会手足无措。对每一个身在职场的员工来说，对自己的能力要自信，要相信自己是有价值的，尊重自己的劳动成果。如果让"我一无是处"的想法在工作和求职中占据主要地位，显然是没有一点好处的。

应对失业恐惧时，需要多注入一些正能量。进行适量的运动，阅读著名人物的传记，看一些创业者的访谈等，都能让人感受到积极、正面的思想，有助于人摆脱失业的压抑感，以饱满的精神状态应对各种挑战。

失业恐惧虽然在大部分时候都让人感到不安，但这种不安却有一种好处：督促人们努力地做好现在该做的事，这样才能避免被辞退。不论是否有失业危机逼近，都应该做好自己的本职工作，甚至多做一些其他工作以提高自己的技能。"但行好事，莫问前程"既是一种工作态度，也是一种应对失业危机的积极想法。企业不会轻易开除平时恪尽职守的员工。如果寻找新工作已经成为一件迫在眉睫的事，那么拥有多种工作技能就是一种优势。

如果失业已经成为一种必然，那就一定要坦然地接受它。不管情绪多么低落，都要寻找解决问题的方法。在坦然接受现实后就需要让积极乐观的情绪主导自己的身心，乐观的心态几乎可以应对所有的恐惧。曾经有人问唐骏："如果这家公司不让你做总裁了，你要怎么办？"唐骏的回答是："那就到别的公司做总裁。"虽然每个普通的员工未必有随时换个公司都能做总裁的能力，但是这种精神是所有人都可以学习的。即使失业了，也没什么大不了的，重新找一份工作就可以了。

　　失业是忙碌中难得的一段空白时间，上班族每天都要
过忙碌的生活，暂时不用工作的这段时间我们可以做平时
想做但没时间做的事。例如，重新思考人生规划、和家人
出游等。如果经济条件允许，利用不工作的这段时间静下
心来思考一些问题，也是一件非常有意义的事。

我们为什么害怕当众演讲

　　很多人都害怕当众演讲。听众人数的多寡和社会地位、演讲的场合、演讲者是否准备充分、演讲者的身体状况等因素都会影响我们当众演讲的心态。克服这类恐惧有两种思路：一是改变错误的认识，形成有利于演讲的心态；二是掌握必要的演讲技巧。

　　演讲者要掌控自己的恐惧感，把恐惧感看作一种正常的心理，不要试图消除它。在演讲中从不感到恐惧的人，绝对没有想过听众怎样看待他。适度的恐惧能让即将上台的人感觉到精神活跃，让身体更富有活力。

很多演讲者都没有正确看待自己的角色及自己与听众的关系。最直接的表现就是对自己的关注过多，对听众和演讲内容的关注太少。他们常纠结于一些不必要的问题，例如：刚才的那个字是不是发错音了？我的手有没有抖啊？我怎么感觉自己忘记了一段台词呢？我的心跳怎么这么快啊？实际上即使演讲者忘记了某段台词，或者某个字发音有误，听众也未必能发现。演讲者之所以想这些是因为他们想给听众留下一个好印象，于是感到非常紧张，越是紧张，恐惧感就越强烈，出错的概率就越高。

带着这种想法进行演讲，最直接的结果就是更容易在演讲中发挥失常。演讲者要将注意力从自己身上移开，放松自己的身体和思想，从听众的角度思考问题。一般来说，演讲者要在演讲的内容上下功夫吸引听众，这样才能得到听众的认可和支持。当注意力集中在听众身上时，演讲者会感到自己终于从牢笼中解脱出来了，在接下来的表达中会感觉更加流畅和自然。演讲面向的是听众，因此了解听众的想法才是演讲成功的根本。演讲者需要思考的问题是：听众想要听到什么内容？听众可能对哪些内容不认同或者不理解？听众对我不满意的原因是什么？总之，只有从听众的角度思考问题，才能找到演讲者应该扮演的角色，因为过度关注自己而产生的恐惧感也会随之消失。

演讲者经常犯的一个错误是，将自己置于被听众"审判"的地位。这种想法让自己在心理上落了下风，一旦在心理上落了下风，在表达中就不能展现出自己信心满满的一面。正确的做法是养成上位者的心态，将自己当作一个居高临下的人。从生活中的经验可以发现，领导者对下属训话、老师教育学生、家长教育子女时，绝对没有紧张不安的情绪，因为这些人在说话时处于上风，有一定的"优越感"。卡耐基先生曾经用"神气的债主"形容演讲者应该有的心态。他认为：把你自己想象成一个神气的债主，台下的听众都欠你的钱，正在祈求你宽限他们几天还钱，富有的你怎么可能害怕他们！带着这样的心态上台，能够帮助演讲者放弃"受审"的心理，重拾自信心。

林肯曾说过："我相信，如果没有可以说的内容，不管这个人有多么丰富的经验，不管这个人多么老练，他都说不出任何内容。"这句话强调了充分准备的重要性。演讲者应该以听众的需求为依据，准备满足听众需求的演讲稿。为了以防万一，还要准备好备用的台词，以防忘记了某一段内容时可以及时补救。另外，要练习演讲的速度，保证在规定的时间内将自己要说的话说完。在演讲前能将演讲稿背下来最好，如果不能做到这一点，就需要准备提示卡。

演讲者的恐惧感与他们消极的自我暗示有关，有的人总是想着自己可能忘记稿子，害怕在台上磕磕巴巴，害怕自己做出扭扭捏捏的动作，这些想法都会让演讲者否定自我。演讲者需要做一些积极的自我暗示，在心中默念：我不可能出错，我一定能完整地将稿子背下来，我一定可以神采奕奕地登台，观众一定对我的表现非常满意。

在演讲者跨越了心理障碍以后，需要掌握一定的演讲技巧才能最终战胜恐惧心理。掌握这些演讲技巧的目的是掩盖演讲者的不自信，给听众一种演讲者非常自信的感觉。首先，在准备演讲词或者实际上台演说时，一定不要说出那些不自信的字句，例如：嗯、啊、然后、完了是、就是、比如等。这些词语用在日常交际中有舒缓语气的作用，但用在演讲词中就显得过于随意了，给听众以演讲者准备不足因而不自信的感觉。由于这些词语在生活中经常不自觉地使用，演讲者可能根本察觉不到是不是说出来了，所以在事先练习的时候要请朋友帮忙指出来，最好在上台前改掉这些毛病。

其次，正确地使用肢体语言，会给人留下好印象。站直身体给人自信满满的感觉；在演讲的时候，尽量使手掌向上，显得自己比较友好；不要将手插在口袋里或者抱在胸前，这样显得演讲者在自我保护，对听众采取的是防备的态度。在演讲中，眼神交流是非常重要的。不过对于有的人来说，盯着听众的眼睛看可能让自己更加紧张，那么可以选择看那些比较友善的面孔。如果看友善的面孔也让人感觉有压力，那就看听众的鼻尖和头顶，这和目光交流的效果差不多。

再次，练习一些放松的方法，能够减少演讲恐惧时的各种身体反应。例如，深呼吸可以让人获得充足的氧气，让声带更加稳定。肌肉均衡运动能减少身体晃动，让人看起来更加稳重。一般的做法有：攥紧拳头—松开拳头循环、压腿等。

最后，在上台前多次练习可以让人提前感受演讲的氛围。最开始可以选择对着镜子、墙壁背诵演讲稿，熟练以后可以在家人、朋友、同事面前练习自然地将稿子讲出来，而不是生硬地背下来。练习时需要大声地将稿子说出来，而不要在心里默念，认为自己已经记下来就草草了事。

回避竞争，并不会让你更强大

竞争最初的原因是为了争夺稀缺的资源，不过随着社会生活越来越丰富，争取社会地位、获得他人对自己的认同、实现个人的价值也成为竞争的原因。不过，能够从竞争中胜出的人只是少数，这一点让很多人对竞争产生了恐惧心理。逃避是竞争恐惧最直接的表现，有的人直接逃避，有的人则是为逃避戴上一个冠冕堂皇的帽子。这些人有着"自我优胜"和自命清高心理，一提到竞争，就用"我才懒得和他们比呢，真无趣！"这样的话给自己找台阶下。

害怕竞争的人无法容忍他人的努力。一名销售人员说："我一看到同事们打电话约客户，就会感到恐惧。大家平时相处得还不错，但一到工作上就'六亲不认'。我承认我就是见不得他们好，他们努力工作的表现让我感觉到自己受到了巨大威胁。一想到我的业绩不如他们，我的心中就会一阵阵恐慌。"

恐惧竞争的原因无非有三种：一是害怕失败，看到别人从竞争中胜出，认为自己只会落得失败的下场。这些人在心理上无法接受失败，于是在竞争开始就选择退出，或者带着惴惴不安的心情参与"角逐"。二是自卑，认为自己没有什么长处可以和别人比，也害怕比不上别人而被嘲笑。三是不懂得如何与人交流，也看不到竞争的积极作用，只能用逃避的方式自保。

不管喜不喜欢竞争，我们都必须要面对它。我们改变不了竞争存在的事实，只能改变自己的心理素质，让自己在面临竞争的时候能够正视并且积极参与。

逃避是人们面对恐惧时的本能反应，因为人们的潜意识认为自己所恐惧的事物有危险，并且可能给自己带来伤害，逃避是免除伤害最直接的方法。想要摆脱恐惧竞争的心理，首先应该将主观上加给竞争的危险帽子拿掉，多去发现竞争带来的好处。一般来说，物竞天择的规律促进了自然界和人类社会的进步。如果没有竞争，就不会有新的事物出现，人们可能一直保持着落后的生活生产方式。由此可见，人们的生活、学习、工作都会从竞争中受益。

只有恰当地评价自己和他人，才能认清彼此在竞争中的地位。有的人害怕竞争是因为对自己的评价过低，认定自己在竞争中必然被淘汰；有的人总是觉得别人将自己视为敌手，无端地提高了自己的地位。这些不切实际的想法，只能让人们在竞争面前有逃跑的冲动。那些认为他人水平高、能力强，认为他人在想办法超越自己的想法，更是没有意义的担忧，只会给自己增添烦恼。要想清楚一个问题：人外有人，天外有天，有很多人比自己强；也有一部分人喜欢寻找一个"假想敌"，假想敌的一点异动都会让他们寝食难安。我们需要做的是努力做好自己的工作，用欣赏的眼光看待比自己优秀的人，用敬佩的目光看待比自己刻苦努力的人。即使这些人都是自己的对手，但他们不一定是自己的敌人。应该学会用宽广的胸襟容纳他人，容纳竞争这种可以促进大家共同进步的交流方式。

你为什么总是害怕被拒绝

一提到"推销"这个词，我们马上就能想到"拒绝"。推销这个行为会给大多数人带来很大的心理压力。不敢开始是很多销售新手面临的问题。平时在家人朋友面前能够滔滔不绝地讲话，但面对顾客的时候一句话都说不出来。有时候如果电话没有拨通，甚至还有"终于躲过去了"的想法，将没有拨通的电话也当作自己的业绩。这些做法反映出一种推销还没有开始就退缩的心态，是在保护自己免遭拒绝。改善自己的心态，能有效地降低推销带给你的心理压力。首先，我们要认清顾客的拒绝是没有针对性的。拒绝的对象不一定是某个推销人员，拒绝很可能是顾客面对任何一种推销形式或者任何一位推销员时的本能反应，因为他们每天都要面对很多商业信息，久而久之就会疲劳，当推销人员上门的时候，把人打发走是第一反应。当然也有一部分顾客拒绝的原因是他们当时有其他事情忙而无暇顾及销售人员。其次，我们要相信自己能做好这份工作。在克服推销恐惧上，自信心要比提高销售技能更为重要。自信心让人无往不利，当面临推销恐惧的时候，多想一想自己有哪些优势适合做销售工作，相信凭借自己的努力一定能够打动客户，相信自己的工作是有价值的，能够为客户带来利益。

"厚脸皮"是每一位销售人员都应该习得的特质。有的人在被拒绝以后感觉很没面子，如果抱有这样的心理，那么必然走向幽怨和愤恨的极端。若是心中只想着被拒绝是一件丢脸的事，那么就难以第二次推销。不要让面子战胜理智。销售人员应该告诉自己：作为一名优秀的销售人员，我是不需要面子的。在面对令自己难堪的场面时，一定不要因为伤了自尊而退缩。放下自尊和清高，有的问题就可以迎刃而解了。练就一副厚脸皮，必须不理会他人不善甚至恶意的言语，必须用锲而不舍的精神坚持推销事业。

恐惧会让人为自己不敢行动找理由。第一次想要给客户打电话的时候想："客户现在应该很忙，我还是不要打扰他了吧。"过一个小时想到另外一个借口："已经到了吃饭的时间了，这个时候打电话不太礼貌，还是等一等吧！"两个小时以后，再次放下了刚刚拿起的话筒，心中想着："现在是午休时间，客户应该不会有时间接电话的。"反复拖延这么几次之后，一天的时间过去了，电话始终没有打出去，每一次不能拨打电话的理由都是为了掩饰自己的恐惧。越是犹豫，恐惧感就越强烈。改变这种持久恐惧状态的方法就是立即行动，不断地暗示自己"长痛不如短痛"，趁早走出推销的第一步要比持续地生活在恐惧的阴影下好得多。

总而言之，克服推销恐惧的三大法宝是：果断、耐心、坚强。每一次开始都需要速战，要立刻进入工作状态，绝不能总是处于徘徊和过度思虑的状态。不管在推销中受了什么样的委屈，都要有强大的内心去承受，同时坚持尝试。

为什么你不敢谈恋爱

恋爱本来是一件美好而甜蜜的事情，但很多人不仅感受不到恋爱的快乐，甚至恐惧恋爱。有过不幸情感经历的人更容易对恋爱产生排斥的心理，他们习惯于将自己失败的恋爱经验应用到以后的生活中。失败的经验加重了他们不信任的心态。有的人虽然没有在感情中受过伤，但他们天生多疑，对自己的另一半没有信心，一看到恋人不符合自己的预期就感到无法忍受，对两个人的未来没有信心，感觉两个人根本不能走下去。

有的人会因害怕自己条件不够好而拒绝恋爱。他们认为即使两个人进入恋爱状态，但随着时间的推移，两人之间也会发生很多矛盾，还不如不开始。

外界因素也是让人恐惧恋爱的原因之一。现代人对单身生活的崇尚体现了人们的一种恋爱观：爱情不一定是生活必需品。有的单身者认为一个人的生活自由，两个人的生活麻烦，爱情会让人变笨，人们会因为恋爱而受到伤害，爱情会让人失去独立性，承担婚姻和爱情的责任会影响个人生活。他们只看到了恋爱对生活的负面影响，自然对爱情拒之千里。

恋爱恐惧有两大特征。一是抗拒。主要的表现有：害怕深陷感情中不能自拔、害怕爱错了人、害怕自己付出太多、害怕被拒绝、害怕对方不在乎自己、害怕被抛弃等。这些想法大部分是进入恋爱状态以前的想法，因为持有这些想法，所以对恋爱始终是抗拒态度，坚决不谈恋爱。二是多疑。这是恋爱中的男女经常有的问题。有的时候看到恋人有些反应不正常，就开始疑神疑鬼，怀疑对方是不是不喜欢自己了，甚至开始查看手机通话记录、QQ聊天记录，只要恋人有单独活动，就抓住不放，紧紧逼问对方去哪儿了、见了什么人、做了哪些事情。长期处于不信任状态，让谈恋爱成为一场游击战。因为不能在恋爱中感受到美好，所以对恋爱产生了恐惧心理。

恋爱恐惧的原因可以总结为一点：对恋爱抱有负面想法。改变这种心理需要用正面的想法代替旧有的负面想法。

如果有恋爱中受到伤害的经历，就需要尽快从创伤中走出来。不要认为一次失败的感情经历，便代表再也不会幸福。我们需要做的是着眼于未来的美好生活，而不是放大过去的痛苦。从过去的挫折中收获的经验，不能无条件地套用到以后的生活中。放弃对付出与收获精打细算的做法，不要惦记着自己从中能有什么收获。试着发掘对方的优点，改变自我压抑的状态，多顺着自己的心意交往，尝试转变对恋爱的负面认识。

学会自我圆满

人的天性之一是害怕孤独。在亿万年以前，人类还未完成进化时，就是害怕孤独的。人是一种社会性的群居动物，必然渴望与自己的同类生活在一起。对于喜欢群居的动物，即使自然环境再好，它们也不愿意单独生活。即使在群体里被欺负，它们也不想离开群体。群体生活给了人归属感，当人们失去这种归属感的时候，就会感到孤独。

心理学家所罗门·阿希针对人寻求归属感的心理做了一项实验。他请来一人判断线段的长短。阿希给这名参加实验的志愿者先后看两幅图。在第一幅图中，只有一条线段，在第二幅图中有三条线段，其中有一条和第一幅图中的线段一样长，另外两条线段一长一短。有五名卧底和这名志愿者共同参加实验。看过图以后，这六人用抽签的方式决定回答的顺序。但不管怎样抽签，需要真正参加实验的人总是抽到六号，其他五名卧底内部调换回答的顺序。在最初的几轮回答中，五名卧底都做出了正确的回答。志愿者也做出了正确的回答。几轮以后，五名卧底开始"睁着眼睛说瞎话"，一致认为比较长的那一条和第一幅图中线段一样长。志愿者经过几番犹豫后，决定人云亦云，也认为比较长的那一条线段和第一幅图中的一样长。从志愿者犹豫的行为中可以发现，实际上他知道前五个人都说错了，他对自己的判断还是比较相信的。但如果他做出了不合群的回答，他会感到他受到了排斥，被群体抛弃了，如果这样，孤独和焦虑的情绪将一直伴随着他。为了屈从于自己的归属感，他认为回答错误也是可以接受的。人对归属感的需求是那样强烈，以至于他可以对显而易见的问题做出错误的回答。人们压抑自己的个性，就是为了摆脱孤独，获得大家的认可。可见，害怕孤独实际上是害怕被群体抛弃。

　　一个人对群体的依赖从他出生一直持续到死亡。每个重要的人生时刻，都伴随着相关的礼仪或者仪式，有满月礼、周岁礼、订婚礼、结婚礼，直至葬礼，这些礼仪或者仪式都离不开群体的参与。这无疑加强了人的归属感，让人感觉自己每个重要时刻都有人关注和参与，让人能找到自己的存在感。

　　从个人的成长角度来说，害怕孤独是由于分离焦虑而产生的。婴儿最早与世界的联系是通过母亲建立起来的。如果一个人在婴儿时期，与母亲的联系少，那么他就很容易产生各种心理障碍。尤其是在婴儿八至十一个月的时候，他们害怕陌生的环境，害怕陌生人，有着强烈的和母亲在一起的愿望。如果母亲不在身边，他就会产生分离焦虑。婴儿在十八个月以后才知道，即使母亲一时不在他身边，也没有那么可怕，因为母亲很快就会来陪他。因此，心理学家认为，那些对孤独特别恐惧的人，可能在儿童时期与母亲的联系不够密切，没有感受到充分的关爱。所以，他们在独处的时候，分离焦虑就会涌上心头，感觉没人陪伴是一件非常可怕的事情。

　　与分离焦虑相对应的一个极端是自我意识没有觉醒。这些人可能在潜意识中认为自己和母亲是一体的，或者认为自己与某些人是一体的，当这种联系被切断的时候，他们就会感到自己不知道去哪儿了。拥有自我意识往往与"独立""自由"这些词相关，但独立和自由也在某种程度上意味着孤独。对他人过度依赖就是害怕孤独的一种表现。

　　孤独本身并没有好坏，但人们习惯于将孤独归入"不好"的那一类，而孤独带给人的好处则需要不断挖掘。

　　有一个年轻人总是厌烦父母的唠叨，在社会上结交了一些狐朋狗友。父母劝他应该把心思放在正业上，不要和朋友们混日子。他却说："我有困难的时候不都是朋友在帮助我吗？你们能陪我一辈子吗？只有朋友才能让我感到不孤独。"一天，孩子的姑姑从远方来到他们家做客，父母将这件事告诉了她。姑姑临走的时候，父母让孩子送姑姑回酒店。姑姑与这名年轻人一边走一边聊，年轻人几次想要回家，但看到姑姑没有停下来的意思，只得继续陪姑姑走。好不容易到了酒店以后，姑姑却说："已经到了呀！那我送你回家吧！"于是两个人又从酒店往家里赶。到了家里的时候，姑姑没有让年轻人歇着，而是说："我已经把你送回来了，你再送我一段路吧！"年轻人无奈，只得和姑姑一路同行去酒店。这一路姑姑仍然没有让年轻人回去的意思，年轻人终于忍不住说："姑姑，我们这样一直送来送去有什么意思？"这个时候，姑姑对他说："你还知道呀！那你说说你的朋友能陪你一辈子吗？"此时，年轻人终于明白：能够与自己走完一生的只有自己。漫长的人生之路只能一个人独自走完，亲人、朋友、爱人只能在一段时间内给自己支持，但不能自始至终与自己一路走下去。所以，谁也不能一辈子依靠别人，能依靠一辈子的人只有自己，享受孤独就成为人生之路必不可少的一种调剂。

越是抗拒孤独，就会越感到不安。与其如此，还不如接纳孤独，利用孤独的时间做些有意义的事。学会度过没有人陪伴的时间，有助于排解孤独感。要多发展一些兴趣爱好。孤独感是不能完全消除的，也没必要完全消除，而且孤独能让我们有机会摆脱日常的喧嚣和嘈杂，静下心来，反思自我，认清这个世界。

如何战胜
我们内心
的恐惧

你是不是在自己吓唬自己

一个刚刚到电器厂工作的人时刻都担心自己会死在工作岗位上。他每天在高压电的环境中工作，但工厂里的各种防护措施都很到位，他的工友们告诉他："你担心自己被电死绝对是杞人忧天，我们工作了这么多年，从来没见过哪个人被电死。"尽管如此，这名工人仍然担心自己会死于高压电。一天，他触碰到了一根电线，下一秒就倒地死亡了。车间主任感到非常不解，那根电线是备用电线，根本就没有连接电源，怎么可能将一个大活人电死呢？车间主任从这名工人的死状看，蜷伏起来的身体是紫红色的，和被高压电电死的尸体差不多。车间主任拿不定主意，只能等法医给出结论。最后，法医的尸检报告出来了：这名工人身上没有任何电流斑，说明没有高压电从他身体里经过。事情到这里基本有了眉目，这名工人死于他对高压电的恐惧。他每天都生活在高压电的阴影中，心理承受能力十分脆弱。他触及那根没有通电的电线时，绝望地认为自己即将触电而亡，就这样将自己吓死了。

当人们选择对一种事物厌恶、躲避、害怕的时候，对这种事物的恐惧就已经形成了。人之所以特别害怕某些物体，都有自我暗示的原因。心理学家曾经做过一个实验，证明人们总是选择令人恐惧的事物。心理学家邀请一些志愿者观看图片，并将电极安装在他们身上，不论他们看了哪一张图片，都有微小的电流经过他们的身体。这些志愿者所看的图片有令人喜欢的事物，例如，呵呵笑的儿童、颜色艳丽的鲜花、形状奇怪的蘑菇等；也有令人厌恶的事物，包括黑乎乎的蜘蛛、吐着信子的蛇等。实验人员问志愿者在看到哪些图片后感到电流经过身体，志愿者普遍认为看到了蛇、蜘蛛、老鼠、蟑螂等后感到有一阵电流经过。从这些志愿者的表现可以看出，人们总是将自己不喜欢的事物与恐惧联系起来，某种事物是否会引起人们的负面心理感受在很大程度上是由人们自己选择的。甚至有的人都没有看到恐惧的事物，他们只要一想起来就会感到不舒服。对一种事物的厌恶和恐惧已经成为人们精神世界的一部分，以至于当别人一提到这种事物时，就会立刻呈现出警惕和敌对的状态。

"人多恐惧之心，乃是烛理不明。"恐惧由人的内心产生。人们首先相信某一种事物是可怕的，然后才有了各种恐惧的表现，很多可笑的恐惧就这样产生了。人们把自己圈了起来，越是感到不安全，恐惧感就越强。

强大的自信心，助你百毒不侵

　　一位心理学家曾经做了一个实验，研究人们在恐惧面前的反应。他找到七个志愿者参加这个实验。首先他让这七人进入一个黑暗的房间再走出去。当这七个人走出房间以后，心理学家将灯打开，让他们看看房间内的布置。这个房间里有一个大水池，水面上有一个狭窄的独木桥，令人生畏的是水中有几条大鳄鱼正在观望，好像只要有人从桥上经过，它们就要扑上去将人吃掉一样。这七个人看到这些鳄鱼些以后瑟瑟发抖，完全无法想象自己刚才是怎样走过去的。此时，心理学家邀请他们再走一次独木桥，大家都有退缩的表现。几经犹豫之下，终于有三个人愿意站出来。但他们的表现和第一次完全不一样。第一个人走得非常慢，在胆战心惊中终于走过了独木桥；第二人在没走几步以后，就被吓得原路返回了；还有一个人在迈出第一步的时候就感到害怕，所以便"出师未捷身先死"了。看到他们的表现以后，心理学家再次打开了几盏灯。这个时候大家看见小木桥下面有一张安全网，刚才在光线不足的情况下没有被人发现。此时，心理学家问："还有谁愿意走过去？"这次有五个人表示自己可以尝试，但另外两个人对安全网的安全性非常担忧，唯恐自己从桥上掉下去以后落在安全网上，然后再从安全网上掉入水中，最终只能喂鳄鱼了。

这个实验说明，人在恐惧之下，自信心容易丧失；而自信心重建之后，会抵抗恐惧感。当志愿者不知道过桥的危险性时，即使房间是黑暗的，他们也能够心平气和地走过去。在发现有鳄鱼这个危险的因素时，他们就不敢再走过去了。当得知有应对危险的安全网存在后，他们虽然仍旧感到不安全，但恐惧程度有所降低。对这些志愿者而言，恐惧程度越高，自信心越低；恐惧程度降低之后，自信心会有所恢复。事实上，当自信心获得强化之后，恐惧感会进一步降低：我们可以想象，当实验者成功地走过一次之后，肯定不会像走过之前那样恐惧了。

自信心的建立和强化并不容易，但只要我们确认了自信心与恐惧之间此消彼长的相克关系，我们就找到了克服恐惧感的有效武器，即建立自信心。

逃避，带不来真正的安全感

　　逃避是对恐惧的本能反应。为了远离恐惧，人们习惯性地保持戒备，敏锐的感官特别容易发现危险的情境。人们在遇到危险时的第一个反应是逃跑，然后才会想到自己是不是有能力迎难而上。很多人因为恐惧而成为"逃跑专家"。

　　感到恐惧的人首先要逃避危险的情境。比如，害怕蜘蛛的人避免去阴暗潮湿的地方；社交恐惧者避免去人多的场所；广场恐惧者尽量不去空旷的地方；驾驶恐惧者选择除了汽车以外的其他交通工具。情境逃避是最简单、最低级的逃避。

　　感到恐惧的人还会逃避恐惧带给自己的主观感受。在恐惧对象面前，人们总是感到心跳加快、胸闷、呼吸不畅，大脑里不断想象令自己害怕的事物。比如，一个害怕鸟的人，在看到天空中飞的鸟以后，他会感到极端的恐惧。他竭尽全力地告诉自己不要想着那只鸟，那只鸟不会掉在自己身上，不要看那只鸟……此时，他就在逃避自己的心理感受，试图让自己忽略天空中飞过一只鸟的事实。

逃避的最初目的是保证自己的安全，远离危险的事物，但这并不能真的让人克服恐惧。逃避让人丧失对自己承受力的判断。虽然逃避让人一时感到了安全，但从长久来看，人们丧失了了解恐惧对象的机会，恐惧感反而可能会得到强化。对于那些正在使用心理方法克服恐惧的人，逃避让他们克服恐惧的效果大打折扣。心理学家发现，那些参加心理治疗的恐惧症患者中，适应恐惧感的人要比那些试图远离恐惧感的人更早地克服恐惧。

冥想能帮你缓解恐惧

人的感情和行为都是由大脑控制的，恐惧感也不例外。

人的大脑中负责恐惧感区域的主要有海马体、杏仁体、
大脑前额叶皮层。其中，直接与恐惧相关的是杏仁体，海马
体的功能是记忆和学习，大脑前额叶皮层负责调节人的行为。
因此，改善这几部分的功能和它们之间的关系，也就是改变
大脑结构，是一种可以考虑的克服恐惧的方法。

海马体位于大脑的左前方，因为形似海马而得名。海马
体主要负责记忆和学习，如果切除了海马体，人的长时记忆
就会出现问题。人体的各个感官负责收集信息，并且将收集

到的信息传递给大脑中的神经元，神经元又将这些信息传递给海马体，如果海马体对这些信息有回应，这些信息就会被存储起来，形成瞬时记忆或者短时记忆。海马体在多次受到某种信息的刺激以后，就会长久保留这些信息，因而形成长时记忆。当人需要某段记忆时，海马体就会将这部分信息提取出来。如果某一段记忆不经常使用，就会被海马体删除。这个过程有点像人将资料存储在计算机的硬盘中，需要的时候把它调取出来，不需要的时候就将它删去。海马体的运行机制不受人主观意志的影响。

　　杏仁体是大脑颞叶中的一部分神经元组织，因为形状类似杏仁而得名。杏仁体与海马体紧密相连。大脑中的杏仁体在左右脑各分布一个。大脑杏仁体主管人的各种情绪，包括恐惧、愤怒、焦躁等。杏仁体是负责恐惧感的指挥中心，克服恐惧可以从杏仁体入手。恐惧感泛滥的原因是杏仁体不受控制地传递出危险信息，而大脑前额叶皮层却不能有效阻止杏仁体传递出这些信息。科学家为了发现杏仁体的功能，曾在动物的杏仁体上做过实验。他们将猴子的杏仁体用麻醉药破坏以后，将猴子和蛇放在一起，观察猴子的反应。猴子本来应该是怕蛇的，但是被破坏了杏仁体的猴子根本不害怕蛇，它们甚至把蛇当作玩具玩，就连那些曾经被蛇咬过的猴子也不例外。被破坏了杏仁体的老鼠也不害怕它们的天敌——猫，甚至敢用爪子触碰猫的耳朵，正常的老鼠是绝对不敢这样做的。但是如果科学家用电流刺激老鼠的杏仁体，它们的恐惧感就会变得非常强烈。

人的大脑皮层是大脑中功能最强的一部分，它被分为好几个部分，前额叶皮层就是其中之一。前额叶皮层主要负责人类的高级认知和行为控制，包括语言、思维、运动等，而且有向人的身体发出指令的功能。如果人的前额叶皮层受到损害，人的短时记忆会受到影响，而且人还会因此变得行动迟缓。

科学家曾经用仪器扫描人的大脑皮层，观察大脑皮层各个组成部分的活动情况。正常人在当众讲话时都有一定程度的怯场，这属于正常的恐惧。社交恐惧症患者在当众讲话时的怯场是过度恐惧造成的，有的时候甚至根本不受人控制。科学家通过仪器扫描发现，社交恐惧症患者在讲话时，大脑中的杏仁体异常活跃，供氧量和供血量都比较多，而大脑的其他部分供氧量和供血量却不多。这是因为社交恐惧症患者的恐惧情绪特别强烈，他们大脑的杏仁体占用了其他部分应该拥有的血液和氧气。而对当众讲话不感到恐惧的正常人则与之相反，他们大脑中的杏仁体比较活跃，但是大脑皮层中的其他部分也比较活跃。人在说话时需要大脑中的诸多部分相互配合，所以很多块大脑皮层都处于活跃状态，不仅限于杏仁体。

　　海马体、杏仁体、大脑前额叶皮层都是大脑中与人恐惧感相关的部分。这三者之间在调控人的恐惧感时是相互配合的。首先，人的视听感官发现外界危险的事物，比如，发现有人在注视自己，这可能是一种危险；视听感官将对这种危险的判断，传递给大脑中的杏仁体，杏仁体对人的感官发出警报：小心这个人，他可能对自己不利。但是杏仁体不能做出是否危险的判断，判断是否危险的区域是海马体、大脑前额叶皮层。海马体在接收到信息后，在自己的"内存"中搜索有关的信息，如果它认定这个人是熟人，不会对自己造成危险，那么负责指挥人行动的前额叶皮层就会解除警报。海马体也可能做出危险的判断：这个人似曾相识，但不清楚他是不是有恶意，需要继续保持警惕。此时前额叶皮层就会做出决定：分不清是敌是友，需要小心谨慎。在这种情况下，人的身体和情绪就会产生各种恐惧反应，例如：手心出汗、心跳加快、全身紧张、想要逃跑等。但有的时候，海马体和前额叶皮层不能阻止杏仁体发出警报，那么人的恐惧感就会非常强烈，即使在熟人的注视下也会显得紧张不安，而且会得出错误的结论：这个地方人太多，我实在受不了他们看我的目光，我还是离人群远一点吧！我再也不到这里来了，以后我看到这个人还是自觉躲起来吧！此时，人的恐惧是失控的，这就有可能形成病态的恐惧或者恐惧症。

这个过程可以解释一般情况下恐惧在大脑中的形成原理，不过有一些例外情况是无法解释的。人有的时候会无端地感觉到恐惧，这可能是不受大脑控制的。例如，突然受到惊吓而引起的恐惧。还有一种例外不能被解释：人的恐惧感可能会复发，即使已经认识到某个事物没有危险了，下一次见到它可能还会感到恐惧。

有什么方法可以改变大脑结构呢？首先，最直接的方法就是手术，不过这种可行性只存在于理论中，实际操作起来并不现实。其次，就是使用药物修复大脑中的神经元，但是这种方法的可行性和效果还有待证实。目前治疗恐惧的药物的功能，主要是镇定人的情绪、缓解焦虑感，将恐惧感暂时"隐藏"起来。

那么能够有效改变大脑前额叶皮层与杏仁体之间结构的方法就是信念了。也就是说当恐惧感来袭的时候，用正确的信念战胜恐惧感，并且要经过多次训练，这样才能增强大脑前额叶皮层对杏仁体的调节功能。这是个用正确的信念代替原有错误的信念的过程。简单地说，就是让一些积极的想法压过恐惧的想法，经常这样做，大脑的前额叶皮层就会处于活跃状态。长此以往，前额叶皮层的力量就会超过杏仁体的力量，恐惧感就可能被消除。关键是需要多次重复，才能让前额叶皮层占有绝对优势。

科学家发现，冥想可能引起杏仁体的变化。有十六名人员参加了为期八周的正念减压疗法训练，训练结束后，科学家用核磁共振技术对他们的大脑皮层进行了扫描，并将扫描的结果与没有参加这项训练的人的大脑皮层扫描的结果进行对比。对比的结果是，参加训练的人员杏仁体中的灰质比没有参加训练的那些人要薄一些。也就是说，通过冥想，大脑结构可以被重塑，这样可以缓解和治疗一些精神障碍，让人的精神生活更加健康。

科学家还发现，让大脑学习新的知识，能够改变大脑的结构。海马体负责管理人的记忆，大脑在进行回忆时，脑细胞神经元的突触会延长，大脑的这种结构性变化是为了加强这段记忆而服务的。突触的延长使得这部分记忆更加持久。恐惧可能是一种强烈而持久的记忆，如果回忆起恐惧的事，那么这种恐惧可能让人更加记忆深刻。虽然科学家没有研究出具体的通过学习和记忆的方式战胜恐惧的方法，但这不失为一条可行的思路。

　　从大脑中负责恐惧情绪的各功能模块的运行机制可以发现，克服恐惧需要用积极、正面的信念刺激大脑，从而改变大脑中杏仁体一支独大的局面，这是从生理机能上克服恐惧的思路。

克服恐惧需要循序渐进

只要恐惧情绪没有严重影响日常生活，就不必理会它，反而还要感谢它让我们学会保持警惕或者做好准备。比如，死亡恐惧、灾难恐惧可以促使人们更好地珍惜现在的生活；婚姻恐惧在提醒人们应该做好准备，迎接新的生活。只有那些特别严重和影响生活的恐惧才是需要克服的。克服恐惧的两个思路是改变对恐惧的认识和接受恐惧对象的刺激。如果已经按照这个思路练习克服恐惧，但收效甚微，可能是什么原因呢？

有人在接受恐惧刺激后，恐惧的情绪反而更加强烈了，可能是接受恐惧刺激的强度太强或者太弱。接受恐惧刺激的过程都是由易到难的，不可能突然要求克服等级最高的恐惧。对于恐高的人来说，如果让他突然站在一百层楼顶，他可能被吓得一动不敢动；但如果让他站在桌子上，那么他虽然也会感到害怕，但不至于无法接受。不过，如果他一直练习克服站在桌子上的恐惧，那么即使让他坐在二楼的阳台上，他也会感到害怕。

接受恐惧刺激的训练应该是完整并且循序渐进的。有个想克服广场恐惧的人，试图让自己穿过马路再返回。如果他过了一半的马路而折回来，那就不算一次完整的过马路的经历。对于一个想要练习和陌生人说话的人，他应该尽可能地多说一会儿，或者至少应该超过一定的时间，不要给自己找一个"他很忙，没时间理我"的理由。半途而废的做法是不能彻底克服恐惧的。

接受恐惧刺激练习失败的原因，可以归结为没有制订一个完整且行之有效的计划。心理因素导致克服恐惧失败，可以归结为意志力不够。用改变认识的方法克服恐惧的基本做法是努力让自己相信"我的想法是错的，×× 的做法才是对的"。新的正确想法没有战胜旧有的错误想法，是因为旧的错误想法在潜意识中还占有很大的分量，这时应该用意志力将曾经的错误想法清除，让有利于克服恐惧的新想法占领大脑中的"高地"。

后记

别掉入"自我实现"的陷阱

"自我实现的预言"

斯坦福大学医学院精神病学教授、美国团体心理治疗权威欧文·D.亚隆在著作《存在主义心理治疗》中，谈到一个名叫多莉丝的病人，此病例生动演示了一个人因为害怕某种处境，于是陷入这种处境的过程。多莉丝寻求治疗的原因，按她的描述，是她总是不幸地与虐待成性的男人建立关系且无法摆脱，无论是前任丈夫、现任丈夫还是工作中的男性雇主、同事都冷漠无情甚至残酷地对待她。她现在害怕与任何男人建立关系，无论是哪一种，于是她前来求医，加入了亚隆医生的治疗团体。在这个对多莉丝而言由陌生人组成的

团体中，多莉丝与人互动越多，越觉得所有男人都对他冷漠
无情甚至虐待她，于是做出相应反应，包括撒谎、下意识地
捏造事实、抱怨、装无辜等。这些举动遭来他人——不只男
人——的厌恶。这使得多莉丝验证了自己长久以来无法摆脱
的恐惧：你看，男人们（包括亚隆医生）真的会虐待我呀！

作为治疗团体的组织者、监督者、引导者，亚隆医生的
结论是：

多莉丝的核心问题，是对于男性有特定的信念，对于
他们会如何对待自己有特定的预期。这些预期歪曲了她的感
知，而歪曲的感知恰恰导致她的行为会招致她最害怕出现的
后果。这个"自我实现的预言"很常见：人们先是预期某件
事情会发生，然后依照预期行事使得预期实现……

只要你过于关注某样东西，你就会发现它到处都是。假
如你考虑买某一款车，就会发现这款车满大街都能见到，而
之前你并没有注意到这款车竟然这么多；如果你对此感到疑

惑，上网调查销售数据，很可能发现这款车销量并不大，远不足以遍布大街小巷。假如你害怕蜘蛛，你就会比一般人更容易发现它们；而发现得越多，"到处都有蜘蛛"就会得到越多的强化，于是你越发战战兢兢。假如你害怕当众发言时出丑，你会更容易注意到自己以及别人发言时的窘迫，于是你就会觉得发言时窘迫是必然的，越发手足无措、拙嘴笨舌。

以上情况，都会使你忽略真正的事实：你关注的那款车虽然"常见"，但与其他很多款车相比，其实是少见的；有蜘蛛出没的地方虽然不少，但没有蜘蛛出没的地方更多，而且多得多；发言时窘迫的情况虽然不少，但发言时轻松愉快、毫不窘迫的情况也十分常见。

为什么我们会对显然只占少数的情况念念不忘，而忽略大多数情况呢？因为我们对看到的事实做了筛选，并以偏概全。

当代社会，压力重重。这使人很难保持好的状态，而状态不佳往往会使人陷入坏的心理循环。一个人状态如何，取决于他把注意力放在何处。如果把注意力放在可怕的事情上，这个人的生活就会被那可怕的事情占据。也许事实上可怕的事情只占全部生活的 10%，但如果注意力全在可怕的事情上，忽略其他事实，那么可怕的事情就可能占据他心理世界的 90%。可怕的是，越是如此，可怕的事情越会抢占注意力，使他陷入恶性循环，直至消极情绪将他团团包围，将一切美好挤出去。

美国临床心理学家卡罗尔·克肖和心理咨询师比尔·韦德在其合著的《如何停止胡思乱想》一书中，引用其他心理学家的话说："我们所关注的对象和关注方式决定着生活的内涵和品质。"如果你关注的是可能变糟糕的事情，那么，生活将会波折不断。如果你能改变关注的对象，就可以改变你的思维和生活的内在经验。

大千世界，万象纷呈，既有好的，也有坏的。幸运的是，人有选择的能力。注意力放在好的方面，生活就会朝着美好的方向前进。相反，注意力集中在坏的方面，生活就会陷在对坏事物的恐惧和焦虑中，越过越糟。

美国随笔作家和小说家琼·狄迪恩说："为了生活，我们给自己讲故事。"这些故事可以帮助也可以妨碍你的生活。重编故事，你就能转移注意力，解放自己。于是，万事皆有可能。

积极视角，是根除恐惧感的关键

无论是泛泛的、飘忽不定的恐惧，还是具体的，如社交恐惧、疾病恐惧、广场恐惧等，其成因都不是单一的，也不可能在消除某个成因后恐惧就消失了。事实上，无论是哪一种恐惧，都是由多方面因素造成的，包括遗传、家庭背景、学校教育、工作生活环境等。而在所有这些因素中寻找造成恐惧的罪魁祸首，并一一铲除，是相当难的，甚至可以说不可能；即使有可能，那么所耗费的时间、精力一定是海量的。

与其如此，不如换个思路——如果从正面对抗恐惧、消除恐惧效率不高，不一定划算，那么，有没有什么办法迂回实现目标呢？

有个流传甚广的佛理故事，谈如何清除"心中的杂草"。禅师问徒弟："园子里的杂草，怎样清除最有效？"一个徒弟答："用锹铲。"另一个徒弟答："用火烧。"第三个徒弟答："把石灰铺在草地上！"禅师说："你们各自回家，按自己的方法清除杂草吧。明年来告诉我效果怎么样。"一年后，门徒来见禅师，都说自己的方法效果不好。禅师带他们到自己的后园，只见一年前的杂草已不见踪影，取而代之的是金色的庄稼。原来，这才是清除杂草的最佳方法。

与其集中精力清除坏东西，不如集中精力培养好东西；与其殚精竭虑对抗恐惧，不如把精力花在培养积极心理上。当一个人心理足够健康、丰富、强大，恐惧感就会被排挤出去，即使残存也构不成威胁。这种方法，你可以理解为迂回抵达目的地，也可以理解为捋直弯路、直抵目的地——既然消除恐惧是为了使心理状态变得美好，那么，直接培养美好心理岂不更有效？

　　在当今社会，对人的生存构成实质性威胁的事情非常少。大多数情况下，恐惧心理都有些庸人自扰和夸大的成分。这种情况下，与其总想着如何应对恐惧，不如尽量忽略它，把精力放在美好事物上，用乐观视角看世界。如果你能做到这一点，精神上一定会越来越强大，当某天你忽然想起曾经纠缠自己的恐惧，你会发现它们在不知不觉中已经烟消云散。

　　卡罗尔·克肖和比尔·韦德是两位从业超过三十年的心理学工作者。在他们看来，一个人是从积极视角还是从消极视角看待生活，是其生活质量的分水岭：

　　当我们透过乐观主义的"镜头"看待这个世界，或毫无畏惧地处理新问题时，我们往往会对生活感到满意。人生从来不会是完美的，但我们可以控制情绪，哪怕出现最悲惨的事故。

如果我们消极地看待这个世界，充满畏惧地行事，为所有可能发生的负面事情烦忧不止，那么，负面的事情往往就会接踵而至。这仿佛有点"自我实现预言（self-fulfilling prophecy）"的意味。

二人说法与前文所述的另一位心理学者欧文·D.亚隆不谋而合：一个人如果总担心坏事情会发生，那么，它就真的会发生。要想斩断这种恶性循环，必须改变看待世界的视角。

改变看待世界的视角，有一定难度。任何一种观念都有惯性，当遇到反对意见的时候，人都会反抗。习惯于消极视角的人会辩解说，担忧可能会发生的坏事是一种务实的态度，并不是消极主义。为最坏的情况做好准备，如果它没有发生，我们会惊喜万分，这样总比出问题时猝不及防要好，难道不是吗？

卡罗尔·克肖和比尔·韦德的回答是："不，完全不是这样！"因为"用在担忧上的时间、精力和脑力，明明可以用来绘制更加美好的未来图景"，即"通过想象、未来导向的思维更积极、专注地行动，重新调整你的思维方向，激发大脑的'GPS系统'，为未来做好定位。……未来导向思维要求你积极地设想你所期待发生的景象。通过有意识地探讨什么样的未来是美好的，你就会推动自己向那个方向前进。"

积极视角，可以在不知不觉中粉碎一切恐惧。当你醉心于追求美好，恐惧感就会被忽略、遗忘，然后逐渐减少或消失。这也算是"不战而屈人之兵"吧，于兵法属于最上策。与其战斗，不如让敌方没机会战斗。

除了用积极摒除消极之外，还有一个策略，可作为小小的补充。英国诗人、小说家托马斯·哈代说："如果有变得更好的方法，就是彻底看一看最坏的情形。"这个思路十分犀利，是啊，最坏又能怎样呢？这想法是对恐惧心理的釜底抽薪。